国家中等职业教育改革发展示范学校教材

ZHONGCAN

U0190703

中餐宴会摆台

（第二版）

主　编　殷安全　刘　容
副主编　谭　明　田　方　朱文琼　黄　杰
参　编　陈　燕　李海燕　陈美英
　　　　黄素茜　张　立　谭安庆
　　　　王贵兰　赵晓雪　陈小亚

重庆大学出版社

内容提要

本书由实训篇、试题篇和附录3部分组成。实训篇包括仪表仪容,托盘,铺装饰布、台布,餐饮用具的摆放,餐巾折花,公用餐具的摆放,菜单及其他装饰物和桌号牌的摆放,拉椅让座,斟酒,综合实训10个项目;试题篇收集了中餐宴会摆台(中职组、行业)技能大赛理论与英语参考试题;附录介绍了全国职业院校技能大赛中职组酒店服务赛项"中餐宴会摆台"分赛项规程、现场评分细则、技术规范、赛项须知,旅游饭店服务技能大赛餐厅服务(中餐宴会摆台)比赛规则和评分标准。

本书可作为中等职业学校高星级饭店运营与管理专业技能实训教材,也可作为技能竞赛选手培训教材。

图书在版编目(CIP)数据

中餐宴会摆台 / 殷安全,刘容主编.--2版.--重庆:重庆大学出版社,2017.8(2023.10重印)
国家中等职业教育改革发展示范学校教材
ISBN 978-7-5624-8214-7

Ⅰ.①中… Ⅱ.①殷… ②刘… Ⅲ.①餐厅—装饰—中等专业学校—教材 Ⅳ.①TS972.32

中国版本图书馆CIP数据核字(2017)第181577号

中餐宴会摆台

(第二版)

主　编　殷安全　刘　容
副主编　谭明田　方　朱文琼　黄　杰
参　编　陈　燕　李海燕　陈美英
　　　　黄素茜　张　立　谭安庆
　　　　王贵兰　赵晓雪　陈小亚
策划编辑:曾显跃

责任编辑:杨　敬　邓桂华　　版式设计:曾显跃
责任校对:谢　芳　　　　　　责任印制:张　策

*

重庆大学出版社出版发行
出版人:陈晓阳
社址:重庆市沙坪坝区大学城西路21号
邮编:401331
电话:(023)88617190　88617185(中小学)
传真:(023)88617186　88617166
网址:http://www.cqup.com.cn
邮箱:fxk@cqup.com.cn(营销中心)
全国新华书店经销
重庆愚人科技有限公司印刷

*

开本:787mm×1092mm　1/16　印张:13　字数:324千
2014年6月第1版　2017年8月第2版　2023年10月第4次印刷
印数:4 501—5 500
ISBN 978-7-5624-8214-7　定价:48.00元

序 言

　　加快发展现代职业教育，事关国家全局和民族未来。近年来，涪陵区乘着党和国家大力发展职业教育的春风，认真贯彻重庆市委、市政府《关于大力发展职业技术教育的决定》，按照"面向市场、量质并举、多元发展"的工作思路，推动职业教育随着经济增长方式转变而"动"，跟着产业结构调整升级而"走"，适应社会和市场需求而"变"，学生职业道德、知识技能不断增强，职教服务能力不断提升，着力构建适应发展、彰显特色、辐射周边的职业教育，实现由弱到强、由好到优的嬗变，迈出了建设重庆市职业教育区域中心的坚实步伐。

　　作为涪陵中职教育排头兵的涪陵区职业教育中心，在中共涪陵区委、区政府的高度重视和各级教育行政主管部门的大力支持下，以昂扬奋进的姿态，主动作为，砥砺奋进，全面推进国家中职教育改革发展示范学校建设，在人才培养模式改革、师资队伍建设、校企合作、工学结合机制建设、管理制度创新、信息化建设等方面大胆探索实践，着力促进知识传授与生产实践的紧密衔接，取得了显著成效，毕业生就业率保持在97%以上，参加重庆市、国家中职技能大赛屡创佳绩，成为全区中等职业学校改革创新、提高质量和办出特色的示范，成为区域产业建设、改善民生的重要力量。

　　为了构建体现专业特色的课程体系，打造精品课程和教材，涪陵区职业教育中心对创建国家中职教育改革发展示范学校的实践成果进行总结梳理，并在重庆大学出版社等单位的支持帮助下，将成果汇编成册，结集出版。此举既是学校创建成果的总结和展示，又是对该校教研教改成效和校园文化的提炼与传承。这些成果云水相关、相映生辉，在客观记录涪陵职教中心干部职工献身职教奋斗历程的同时，也必将成为涪陵区职业教育内涵发展的一个亮点。因此，无论是对该校还是对涪陵职业教育，都具有十分重要的意义。

　　党的十八大提出"加快发展现代职业教育"，赋予了职业教育改革发展新的目标和内涵。最近，国务院召开常务会，部署了加快发展现代职业教育的任务措施。今后，我们必须坚持以面向市场、面向就业、面向社会为目标，整合资源、优化结构，高端引领、多元办学，内涵发展、提升质量，努力构建开放灵活、发展协调、特色鲜明的现代职业教育，更好适应地方经济社会发展对技能人才和高素质劳动者的迫切需要。

衷心希望涪陵区职业教育中心抓住国家中职示范学校建设契机,以提升质量为重点,以促进就业为导向,以服务发展为宗旨,努力创建库区领先、重庆一流、全国知名的中等职业学校。

是为序。

项显文

2014 年 2 月

　　职业技能竞赛是发现人才、培养人才的重要途径,是优秀技能型人才才艺展示的平台,是对学生专业知识与技能的检测,是衡量一所学校办学质量的一项重要指标。普通中学有高考,职业学校有技能大赛,可见技能大赛在职业学校有着十分重要的地位。目前虽然各级各类技能大赛众多,但由于参加高级别的竞赛有很严格的人数限制,绝大多数学生对竞赛规程及竞赛项目评分标准知之甚少,为了让更多的学生了解、学习国赛规程及要求,促使学生在理论知识和专业技能上高标准、严要求,编者在行业企业需求调研的基础上,参考了各级"中餐宴会摆台"技能竞赛规程及标准,编写了本书,供中等职业学校高星级饭店运营与管理专业技能实训和技能竞赛选手培训使用。

　　本书由实训篇、试题篇和附录三部分组成,实训篇共 10 个项目,对中餐宴会摆台赛项的竞赛内容及规程标准,利用文字说明与图片展示的方式进行了详细的介绍;试题篇收集整理了中餐宴会摆台(中职组、行业)技能大赛理论与英语测试参考题;附录收集了全国职业院校技能大赛中职组酒店服务赛项"中餐宴会摆台"分赛项规程,全国职业院校技能大赛中职组酒店服务赛项"中餐宴会摆台"分赛项现场评分细则,全国职业院校技能大赛中职组酒店服务赛项"中餐宴会摆台"分赛项技术规范,全国职业院校技能大赛中职组酒店服务赛项须知,旅游饭店服务技能大赛餐厅服务(中餐宴会摆台)比赛规则和评分标准。在编写过程中紧扣全国职业院校技能大赛(中职组)酒店服务赛项"中餐宴会摆台"分赛项规程标准,充分体现"做中学""学中做"的教学理念,力求突出本书的实用性。

　　本书参考学时为 80 学时。其中项目一,仪表仪容 4 学时;项目二,托盘 6 学时;项目三,铺装饰布、台布 6 学时;项目四,餐饮用具及摆放 6 学时;项目五,餐巾折花 12 学时;项目六,公用餐具的摆放 2 学时;项目七,菜单及其他装饰物和桌号牌的摆放 2 学时;项目八,拉椅让座 2 学时;项目九,斟酒 6 学时;项目十,综合实训 20 学时。试题篇中餐宴会摆台(中职组、行业)专业理论测试参考题训练 6 学时,中餐宴会摆台专业英语测试参考题训练 6 学时。中餐宴会摆台国赛规程标准学习 2 学时。

　　本书由重庆市涪陵区职业教育中心殷安全、刘容任主编,重庆市涪陵区职业教育中心谭明、田方,重庆市璧山县职业教育中心朱文琼、重庆涪陵饭店黄杰任副主编。实训篇:项目一,由重庆市涪陵区第一职业中学陈燕编写;项目二、三、五、八及附录,由重庆市涪陵区职业教育中心刘容编写;项目四、六、七,由重庆市璧山县职业教育中心朱文琼编写;项目九,由重庆市合川区职业教育中心李海燕编写;项目十,由重庆市石柱县职业教育中心陈美英编写。试题篇:中餐宴会摆台技能大赛(中职组)专业理论测试参考题及答案由重庆市黔江区职业教育中心黄素茜编写,中餐宴会摆台技能大赛(行业)理论参考题及答案由重庆金科两江大酒店张立、涪陵饭店谭安庆、重庆市黔江区职业教育中心黄素茜编写,中餐宴会摆台专业英语测试参考题及答案由重庆市涪陵区职业教育中心王贵兰、赵晓雪、陈小亚编写。图片拍摄及剪辑由重庆市涪陵区职业教育中心刘容、易小白、彭景、常露琼和重庆航天职业技术学院王寒冰完成。

　　本书在编写过程中得到了行业专家的指导,也参考了大量的资料,在此表示感谢!由于编者水平有限,书中难免存有疏漏之处,敬请使用本书的教师和广大读者批评指正。

编　者

2014 年 2 月

目 录

技能篇

试题篇

附　录

技能篇

中餐宴会摆台技能篇涵盖了仪容仪表、托盘、铺装饰布、台布、餐饮用具的摆放、餐巾折花、公用餐具的摆放、菜单及其他装饰物和桌号牌的摆放、拉椅让座、斟酒、综合实训 10 个项目,通过实训,学生能按程序规范、熟练、安全文明地进行中餐宴会摆台,具备参加职业技能大赛酒店服务类中餐宴会摆台赛项的基本技能。

项目一
仪容仪表

项目描述

　　规范得体的仪容仪表是中餐宴会摆台选手必须具备的基本素质。该项目涵盖了妆容、工装、站姿、坐姿、走姿、手势等内容,通过实训,学生仪容仪表符合旅游酒店行业的基本要求及岗位要求,能按全国职业院校技能大赛中职组酒店服务赛项"中餐宴会摆台"分赛项规程标准展示仪容仪表。

实训目标

　　①掌握中餐宴会摆台仪容仪表的基本要求。
　　②能规范地展示仪容仪表。

实训准备

1.知识准备

　　①什么是仪容、仪表、仪态?
　　②查询全国职业院校技能大赛中职组酒店服务赛项"中餐宴会摆台"分赛项仪容仪表规程标准。

2.实训器材

　　化妆品、工装、工牌号、穿衣镜、椅子等。

3.劳动组织

　　4人一组,组长1人,记录员1人。

实训要求

　　①训练时自然、优美、大方、微笑。
　　②训练结束,按"7S"管理整理实作现场。

训练 1

仪容仪表

（1）仪容仪表的概念

仪容是指人的容貌；仪表是指人的外表，包括容貌、姿态、个人卫生、服饰。仪容仪表是一个人精神面貌的外观体现，是"门面"，是"招牌"。

（2）酒店员工仪容仪表要求

对于酒店服务员来说，良好的仪容仪表不仅代表了个人形象，更是酒店形象的象征，所以，对酒店服务员的仪容仪表要求非常严格，其总体要求如图 1.1 所示。

```
                    酒店服务员
                    仪容仪表总
                    体要求
   ┌───────────┬───────────┬───────────┬───────────┐
 容貌端庄、举      服饰庄重、整      打扮得体、淡      面带微笑、亲
 止大方、训练      洁挺括          妆素抹          切和善
 有素、言行恰
 当、不卑不亢
```

图 1.1　仪容仪表总体要求

（3）仪容仪表实训

1）头发的梳理

①男服务员：前不过眉，侧不过耳，后不及领。不留怪异发型、不染发，如图 1.2 所示。
②女服务员：前不遮眉，后不过领，长发应盘起。不留怪异发型，不染发，如图 1.3 所示。

图 1.2　男服务员头发的要求

图 1.3　女服务员头发的要求

003

2）妆容的整理

①女服务员淡妆上岗，不得浓妆艳抹。

②男服务员每天修面，不留鬓角和胡须。

图1.4　工装的穿着

3）工装的穿着

工装的穿着如图1.4所示。

①按规定着装，着装整洁，凡有污迹、开线、缺扣子等现象要立即更换。

②穿好工作服后按要求佩戴帽子、领带、领结、丝巾等。

③男服务员：黑鞋，擦亮，深色袜子。

④女服务员：黑鞋，擦亮，鞋跟高限3~4.5 cm，肉色丝袜。

4）饰品的佩戴

①女服务员应佩戴酒店统一发放的发网、发套、发卡、头花等，且佩戴在正确的位置上。

②工作时间只许佩戴手表和结婚戒指，但款式不可过分夸张。

5）工牌号的佩戴

工作牌应端正佩戴于左胸前正上方，如图1.5所示。

6）手部的清洁

①短指甲，不得涂指甲油。

②双手无油腻、无异味。

7）精神面貌的检查

调整心情，保持微笑，如图1.6所示。

图1.5　工牌号的佩戴

图1.6　精神面貌

训练 2

仪 态

（1）仪态的概念

仪态是指人们在交际活动中的举止所表现出来的姿态和风度，包括日常生活和工作中的举止。

（2）酒店员工仪态要求

自然、优美、大方、真诚。

1）站姿

站姿要求：站如松。抬头、挺胸、收腹、头正肩平、目光平视前方、嘴微闭，面带微笑，双臂自然下垂，如图 1.7 所示，或在体前交叉，右手放在左手背上，如图 1.8 所示，以保持随时可以提供服务的姿态。

图 1.7　男服务员站姿

①女服务员两手交叉放在脐下，脚呈"丁"字步，两脚夹角 30°左右，或脚尖分开成"V"字形，开度一般在 50°左右，身体重心落在两脚之间，如图 1.8、图 1.9 所示。

图1.8　女服务员站姿　　　　　　　　　　图1.9　"V"字形站姿

②男服务员站立时,双脚与肩同宽,双臂自然下垂(在背后或体前交叉均可),如图1.10、图1.11所示。

图1.10　双臂自然下垂　　　　　　　　　　图1.11　双手背后交叉

2)坐姿

坐姿要求:坐如钟。优美的坐姿给人以端庄、文雅、稳重之感。

①入座前。从座位左侧进入,走到座位前,首先应转身,右脚向后挪半步,左脚再跟上。女服务员如果穿的是裙装,入座时应用手沿大腿外侧后部轻轻地把裙子向前拢一下。

②入座。坐下后,上身正直,头正目平,面带微笑,腰背稍靠椅背。两手相交放在腹部或两腿上,或者放在两边座位扶手。男子两膝盖间的距离以一拳为宜;女子两膝盖并拢,不能分开。应坐椅子一半或2/3处入座,如图1.12、图1.13所示。

图1.12　女子入座

图1.13　男子入座

③起身。起立时右脚向后收半步,用力蹬地,起身站立,右脚再收回与左脚靠拢。

④离座。从座位左侧离开。离座后采用基本站姿,站好再走。动作轻缓,避免弄响座椅。

⑤坐姿禁忌。前俯后仰或抖动腿脚,跷二郎腿或拍打扶手,脚放在椅子、沙发扶手或茶几上等。

3)走姿

走姿要求:行如风。酒店工作人员行走时要走得大方得体、灵活,给客人一种动态美的享受。

①站立。按站姿要求站立。

②起步。上身略向前倾3°~5°,身体重心放在前脚掌上。

③行走。目视前方,上体正直,挺胸收腹立腰,重心稍向前倾,双肩平稳,双臂以肩关节为轴前后自然摆动。步速适中,男服务员步幅在40 cm左右为宜,女服务员步幅在35 cm左右为宜。女服务员行走时应尽量在一条直线上,也就是通常所说的"一字步"。男服务员行走时,两脚跟交替前进在一线上,也就是通常说的"二条平行线",两脚尖稍外展,如图1.14、图1.15所示。

图1.14　女服务员行走

图1.15　男服务员行走

④行走注意事项：走路时脚步要轻且稳，不要摇头晃脑或头昂得太高，不要边走边吃东西，不要左顾右盼或斜视，不要手插口袋，不奔跑或跳跃。

4）手势

手势是自然优雅，规范适度，富有表现力的"体态语言"。

①得体的手势要求：将五指伸直并拢，掌心斜向上方，手与前臂形成直线，以肘关节为轴，弯曲140°左右为宜，手掌与地面基本上形成45°角，如图1.16、图1.17所示。

图1.16　手势

图1.17　手势

②注意事项：与客人交谈时手势不宜过多，动作不宜过大，更不要手舞足蹈。手势动作应与表情和表意一致。不能用单手指指点客人和方向。

5）微笑

微笑在酒店服务中是一种特殊无声的情绪语言，它可以在一定程度上代替语言上的更多解释和表达。每一位酒店员工在酒店所展现的甜美、真诚的微笑，既是客人满意的基础，也是酒店水准的体现，还是员工素质的尺度。

微笑是需要练习的，以下是练习微笑的方法：

图1.18　微笑

①真诚的微笑。说"E""7""茄子"，让嘴的两端朝上扬，微张双唇；轻轻浅笑，减弱"E"的程度；相同的动作反复几次，直到感觉自然为止，如图1.18所示。

②微笑与眼睛结合。取一张稍厚一点的纸遮住眼睛下边部分，对着镜子，心里想着最使你高兴的情景。这样，你的整个面部就会露出自然的微笑，这时，你眼睛周围的肌肉也在微笑的状态，这是"眼形笑"。然后放松面部肌肉，嘴唇也恢复原样，可目光仍然含笑脉脉，这就是"眼神笑"的境界。这样的微笑才会更传神、更亲切。

③与语言结合。使用"早上好""欢迎光临""请"等服务用语。

④与仪态结合。与站姿、坐姿、走姿等姿态结合。

⑤注意事项：表情切忌僵硬、不自然，切忌捧腹大笑、皮笑肉不笑。

能力测评

分小组展示,组长组织填写仪容仪表综合能力考核表,见表1.1。记录员作好填表情况记录,组长收集、反馈信息。

表1.1 仪容仪表综合考核表

考核内容	考核标准	评分标准	分值	评价		
				自评	组评	师评
妆容	1. 女士淡妆上岗,不得浓妆艳抹;男士不得留胡须及长鬓角 2. 发型符合岗位要求,女士后不过肩,前不盖眼,长发应盘起;男士后不盖领,侧不盖耳,干净、整齐,着色自然,发型美观大方 3. 不留长指甲 4. 不涂有色指甲油 5. 工作期间不佩戴不符合规定的首饰 6. 不文身	一项不合格扣5分,直到扣完为止	20分			
服饰	1. 按规定穿着工装 2. 工装整洁,没有破洞、无污迹 3. 正确佩戴丝巾、领带或帽子等 4. 穿黑色皮鞋,正确穿戴袜子 5. 工作期间佩戴工牌	一项不合格扣10分,直到扣完为止	20分			
站姿	1. 按要求规范站姿 2. 不得弯腰驼背 3. 不得手插兜里	一项不合格扣5分,直到扣完为止	10分			
坐姿	1. 按标准规范坐姿 2. 不得前俯后仰或抖动腿脚 3. 不得跷二郎腿或拍打扶手 4. 不得脚放在椅子、沙发扶手或茶几上	一项不合格扣5分,直到扣完为止	10分			
走姿	1. 走路时脚步要轻且稳 2. 不要摇头晃脑或头昂得太高 3. 不要边走边吃东西,不要左顾右盼或斜视,不要手插口袋,不奔跑或跳跃	一项不合格扣5分,直到扣完为止	10分			
手势	1. 与客人交谈时手势不宜过多,动作不宜过大,更不要手舞足蹈 2. 手势动作应与表情和表意一致 3. 不能用单手指指点客人和方向	一项不合格扣5分,直到扣完为止	10分			
微笑	真诚、自然、大方	一项不合格扣5分,直到扣完为止	10分			

009

技能篇

续表

考核内容	考核标准	评分标准	分值	评价		
				自评	组评	师评
总体精神面貌	1. 自然、大方、优雅 2. 有激情、有活力、微笑服务	一项不合格扣5分，直到扣完为止	10分			
合　计			100分			

拓展练习

1. 想一想

微笑,你准备好了吗?

2. 试一试

分组模拟练习:

①根据酒店员工仪表仪容要求整理仪容和着装。

②设计几个服务手势,并模拟练习。

③对照镜子练习微笑。

3. 小链接

①门童、迎宾员等在迎接来宾时,当客人走近身前2.5～3 m时,先微笑行注目礼,接着上身向前弯,双手推开放前膝,行鞠躬礼。迎接一般客人身弯15°即可,但如果表达恳切或致歉,应身弯30°,鞠躬时低头稍快,抬头稍慢,同时应配上礼貌用语。

②"7S":即"整理"(SEIRI)、"整顿"(SEITON)、"清扫"(SEISO)、"清洁"(SEIKEET-SU)、"素养"(SHITSUKE)、"安全"(SAFETY)、"节约"(SAVING)。

③国赛仪容仪表评分标准(该项分值10分),见表1.2。

表1.2　国赛仪容仪表评分标准

项　目	细节要求		分值	扣分	得分
头发 (1.5分)	男士				
	1. 后不盖领		0.5		
	2. 侧不盖耳		0.5		
	3. 干净、整齐,着色自然,发型美观大方		0.5		
	女士				
	1. 后不过肩		0.5		
	2. 前不盖眼		0.5		
	3. 干净、整齐,着色自然,发型美观大方		0.5		

项　目	细节要求	分值	扣分	得分
面部 (0.5分)	男士:不留胡须及长鬓角	0.5		
	女士:淡妆	0.5		
手及指甲 (1.0分)	1.干净	0.5		
	2.指甲修剪整齐,不涂有色指甲油	0.5		
服装 (1.5分)	1.符合岗位要求,整齐干净	0.5		
	2.无破损、无丢扣	0.5		
	3.熨烫挺括	0.5		
鞋 (1.0分)	1.符合岗位要求的黑颜色皮鞋	0.5		
	2.干净,擦拭光亮、无破损	0.5		
袜子 (1.0分)	1.男深色、女浅色	0.5		
	2.干净、无褶皱、无破损	0.5		
首饰及徽章 (0.5分)	号牌佩戴规范,不佩戴过于醒目的饰物	0.5		
总体印象 (3.0分)	1.走姿自然、大方、优雅	0.5		
	2.站姿自然、大方、优雅	0.5		
	3.手势自然、大方、优雅	0.5		
	4.蹲姿自然、大方、优雅	0.5		
	5.礼貌:注重礼节礼貌,面带微笑	1.0		
合　计		10		

011

技能篇

项目二

托 盘

项目描述

　　规范、文明地使用托盘是中餐宴会摆台必须具备的一项基本功。该项目涵盖了托盘手法、装盘、托盘负重、托盘行走、托盘下蹲拾物等技能,通过实训,能按照职业技能大赛规程标准正确规范地使用托盘。

实训目标

　　①了解托盘的种类及用途。

　　②掌握托盘的基本操作程序及方法。

　　③能熟练规范地使用托盘。

实训准备

1. 知识准备

　　①什么是托盘? 托盘有何作用?

　　②你知道怎样使用托盘吗?

2. 工具准备

　　塑胶防滑托盘、小毛巾、啤酒瓶、红酒瓶、烈酒瓶、装满水的气球、水杯、红酒杯、烈酒杯、餐具。

3. 劳动组织

　　4人一组,组长1人,记录员1人。

实训要求

　　①操作时要保持物品清洁卫生。

　　②训练结束,按"7S"管理整理实作现场。

实训内容

训练 1

托盘认知

（1）托盘

托盘是餐厅服务员在餐前摆台、餐中提供菜点酒水服务、餐后结账、收台整理时必用的服务工具，如图 2.1、图 2.2 所示。

图 2.1　托盘　　　　　　　　　　　　　　图 2.2　托盘

013

（2）托盘的种类及用途

托盘的种类及用途见表 2.1。

表 2.1　托盘的种类及用途

分类标准	种　类	用　途
按制作材料划分	塑胶防滑托盘	常用于摆台、斟酒、分菜、展示托运饮品
	不锈钢托盘	托送各种物品
	银托盘	递送账单和信件
	木质托盘	不常用
	搪瓷托盘	不常用
按形状与大小规格划分	长方形	托运菜点和餐具等较重物品
	大中圆形托盘	摆台、斟酒、分菜、展示托运饮品
	小圆形托盘	递送账单和信件

技能篇

训练 2

托盘手法

（1）托盘的手法及操作要领

左手臂自然弯曲90°，五指分开，掌心向上，用大拇指指腹到掌根和其余四指托住盘底，手掌呈凹形，掌心不与盘底接触，平托于胸前，如图2.3、图2.4所示。手指根据盘中物品重量变化作相应调整。

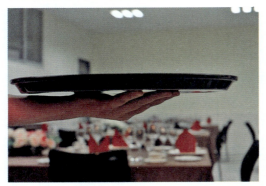

图2.3　托盘手法　　　　　　　　　　　　图2.4　托盘手法

（2）试一试

用正确的托盘手法练习托盘。

分组练习，独立填写托盘手法能力测试表，见表2.2。记录员作好填表情况记录，组长收集、反馈信息。

表2.2　托盘手法能力测试表

手法要求	你对托盘手法掌握的情况		改进措施
	是	否	
左手臂自然弯曲90°			
五指分开，掌心向上			
用大拇指指腹到掌根和其余四指托住盘底			
手掌呈凹形，掌心不与盘底接触			
平托于胸前			

托盘操作程序

托盘的操作程序:

①理盘:清洁托盘,垫上盘布。将托盘洗净、消毒、擦干,如果不是防滑托盘,应垫上干净的盘布,如图2.5所示。

图2.5 理盘

②装盘:根据物品重量、形状及使用先后顺序合理装盘,如图2.6、图2.7所示。

图2.6 装盘

图2.7 装盘

③起盘:左脚向前迈出一小步,左手五指分开,掌心向上,呈凹形,手掌与台面同高,右手将托盘从桌面拉出1/3,协助左手将盘托起,托盘重心位于掌心,保持盘面平衡,如图2.8、图2.9所示。

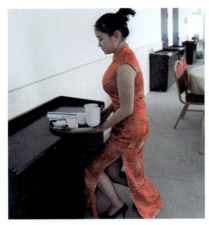

图 2.8　起盘　　　　　　　　　图 2.9　起盘

④行走:头正肩平,目视前方,脚步轻快,托盘随着行走节奏自然摆动,左手保持托盘平衡,如图 2.10 所示。

图 2.10　托盘行走

⑤落盘:上身前倾,左脚向前迈出一小步,根据台面高度屈腿下蹲,右手协助左手将托盘放于台面,安全取出物品,如图 2.11 所示。

图 2.11　落盘

训练 4

装　盘

（1）装盘原则

①根据物品的形状、体积及使用先后顺序合理装盘,以安全、稳当和方便使用为宜。

②重物、高物放在托盘的里档,轻物、低物放在托盘外档。

③先上桌的物品放在前,后上桌的物品放在后。

④重量分布均匀,重心靠近身体。

装盘原则如图2.12、图2.13所示。

图 2.12　装盘　　　　　　　　　　　图 2.13　装盘

（2）试一试

按清单装盘:

①口汤碗5个、小汤勺5个、调味碟5个、筷架5个、筷子5双、牙签5小袋。

②红酒瓶1个、烈酒瓶1个、红酒杯1个、烈酒杯1个、水杯1个。

③分小组测试,填写装盘能力测试表,见表2.3。记录员作好填表情况记录,组长收集、反馈信息。

表2.3　装盘能力测试表

装盘要求	你对装盘原则掌握的情况		改进措施
	是	否	
重物、高物放在托盘的里档,轻物、低物放在托盘外档			

续表

装盘要求	你对装盘原则掌握的情况		改进措施
	是	否	
先上桌的物品放在前,后上桌的物品放在后			
重量分布均匀,重心靠近身体			

训练 5

托盘负重

试一试:

①将装满水的啤酒瓶 1 个装入托盘内,静托 5 min,根据练习情况逐渐增加盘内重量,根据盘内重量的变化,移动手指掌握托盘重心,保持托盘平衡。

②将装满水的一个气球装入托盘内,静托 5 min,不翻盘,保持盘内平衡。

③分小组测试,填写托盘负重测试表,见表 2.4。记录员作好填表情况记录,组长收集、反馈信息。

表 2.4　托盘负重测试表

所托物品	是否翻盘		操作时间	改进措施
	是	否		
1 瓶啤酒				
2 瓶啤酒				
3 瓶啤酒				
装满水的气球				

训练 6

托盘行走

将餐碟 10 个、口汤碗 10 个、小汤勺 10 个、调味碟 10 个、筷架 10 个、筷子 10 双、长柄勺 10 个、牙签 10 小袋、红酒杯 10 个、烈酒杯 10 个、水杯 10 个、菜单 2 份、花瓶 1 个、桌号牌 1 个从工作台托送到餐台。

操作小提示：

①按要求合理装盘。

②保持物品清洁卫生。

③行走时头正肩平,上身挺直,目视前方,精力集中,脚步轻快稳健,托盘随着行走节奏自然摆动,行走规范自如。

训练 7

托盘下蹲拾物

将装满水的酒瓶 1 个装入托盘,托盘行走 100 m,下蹲拾饮料瓶一个,放入盘中,起身再行走 100 m。

操作小提示：

托盘下蹲拾物时,应将所拾物品留在自己右侧,右腿单膝下跪式蹲下,用右手拾起物品,上身平直,保持托盘平稳,如图 2.14 所示。

图 2.14　托盘下蹲拾物

能力测评

分小组展示,组长组织填写托盘综合能力考核表,见表 2.5。记录员作好填表情况记录,组长收集、反馈信息。

表2.5 托盘综合能力考核表

项　目	考核标准	分值	评　价		
			自评	组评	师评
仪容仪表	符合酒店要求	10 分			
托盘手法	左手臂自然弯曲90°,五指分开,掌心向上,用大拇指指腹到掌根和其余四指托住盘底,手掌呈凹形,掌心不与盘底接触,平托于胸前	20 分			
理盘	将托盘洗净、消毒、擦干	10 分			
起盘	左脚向前迈出一小步,左手五指分开,掌心向上,呈凹形,手掌与台面同高,右手将托盘从桌面拉出1/3,协助左手将盘托起,托盘重心位于掌心,保持盘面平衡	10 分			
装盘	重物、高物放在托盘的里档,轻物、低物放在托盘外档;先上桌的物品放在前,后上桌的物品放在后;重量分布均匀	10 分			
托盘负重	托装满水的啤酒瓶两个 5 min,不翻盘	10 分			
托盘行走	头正肩平,目视前方,面带微笑,脚步轻快,托盘平稳,行走灵活自如	10 分			
落盘	上身前倾,左脚向前迈出一小步,根据台面高度屈腿下蹲,右手协助左手将托盘放于台面,安全取出物品	10 分			
托盘下蹲拾物	所拾物品留在自己右侧,右腿单膝下跪式蹲下,用右手拾起物品,上身平直,保持托盘平稳	10 分			
总　分		100 分			

拓展练习

1. 想－想

托盘斟酒时客人突然站起来,你该如何应对?

2. 试－试

托盘转身

3. 小链接

①托盘行走时要精力集中,眼观六路,耳听八方,遇到突发事件要随机应变,保护好盘内物品,尽量减少损失。

②托盘转身时应用身体护着托盘,向右转身,保持托盘平稳。

③国赛使用托盘标准:用左手胸前托法将托盘托起,托盘位置高于选手腰部,姿势正确。托送自如、灵活。该项分值 2 分。

项目三
铺装饰布、台布

项目描述

　　铺装饰布、台布是餐饮服务人员必须掌握的一项基本技能,该项目涵盖了铺装饰布、台布的6大步骤及基本技法,通过实训,能按照职业技能大赛规程标准正确规范地铺设装饰布及台布。

实训目标

　　①理解装饰布及台布的作用。
　　②掌握铺装饰布及台布的6大步骤。
　　③掌握铺装饰布及台布的方法和技巧。
　　④能按照职业技能大赛相关规程标准规范地铺装饰布及台布。

实训准备

1.知识准备

　　①上网查询或到酒店参观装饰布及台布。
　　②装饰布、台布有哪些种类?有何作用?

2.工具准备

　　餐桌、餐椅、台布、装饰布。

3.劳动组织

　　4人一组,组长1人,记录员1人。

实训要求

　　①训练时装饰布及台布不能掉地。
　　②先铺装饰布后铺台布。
　　③训练结束,按"7S"管理整理实作现场。

实训内容

训练 1

铺装饰布（推拉式）

（1）装饰布

装饰布是指铺在餐台上起装饰作用的布巾。其作用是：与台布搭配装饰美化台面、烘托就餐氛围、保持台面清洁。

装饰布大小规格应与台面大小规格相当，覆盖整个台面。花型图案、颜色的选择应与台布协调搭配，富有美感，如图3.1所示。

图3.1　装饰布·

（2）铺装饰布的步骤及技法

1）叠装饰布

装饰布的折叠方法：反面朝里，沿凸线纵向对折两次，再沿横向对折两次，如图3.2所示。

图3.2　叠装饰布

2)开装饰布

拉开主人位餐椅,在主人位,右脚向前迈出一小步,双手将装饰布沿着折缝打开,如图 3.3 所示。

图 3.3　开装饰布

3)收装饰布

双手拇指和食指分别捏紧装饰布一边距中线相等位置,上身前倾,一边抖动装饰布,一边用中指、无名指和小手指抓紧装饰布向自己身体方向收拢,如图 3.4、图 3.5 所示。

图 3.4　收装饰布

图 3.5　收装饰布

4)推装饰布

双手拇指和食指分别捏紧装饰布一边距中线相等位置,上身前倾,将装饰布平推向副主人位,呈扇形打开,如图 3.6 所示。

图 3.6　推装饰布

5）拉装饰布

双手拇指和食指分别捏紧装饰布一边距中线相等位置,当装饰布一边刚过副主人位台面时,双手轻轻将装饰布拉正,如图 3.7 所示。

图 3.7　拉装饰布

6）整理装饰布

从主人位开始,按顺时针方向调整装饰布,走台一圈,使装饰布平整均匀地铺于台面上,如图 3.8 所示。

图 3.8　整理装饰布

训练 2

铺台布（抛铺式）

（1）台布的种类及作用

1）台布

台布是餐厅摆台必需的物品之一，其作用是：美化餐台，增添就餐气氛，保持台面清洁。

2）台布的种类及用途

台布的种类及用途见表3.1。

表 3.1　台布的种类及用途

分类标准	种　类	用　途
颜色	白色	用于正式宴会
	彩色	用于各种宴会
规格	160 cm×160 cm	用于直径为 100～110 cm 的餐桌
	180 cm×180 cm	用于直径为 150～160 cm 的餐桌
	220 cm×220 cm	用于直径为 180 cm 的餐桌
	240 cm×240 cm	用于直径为 200 cm 的餐桌
	260 cm×260 cm	用于直径为 220 cm 的餐桌
	180 cm×360 cm	用于西餐长台
形状	圆形	用于圆形餐台
	方形	用于圆形及方形餐台
	长方形	用于西餐长台
质地	纯棉	用于正式宴会
	维萨	用于各种宴会

（2）铺台布的步骤及技法

1）叠台布

台布的折叠方法：反面朝里，沿凸线纵向对折两次，再沿横向对折两次，如图 3.9 所示。

025

图 3.9　叠台布

2）开台布

站在主人位，右脚向前迈出一小步，双手将台布沿着折缝打开，如图 3.10 所示。

图 3.10　开台布

3）收台布

双手拇指和食指分别捏紧台布一边距中线相等位置，上身前倾，一边抖动台布，一边用中指、无名指和小手指抓紧台布向自己身体方向收拢，并将台布提于胸前，如图 3.11、图 3.12 所示。

图 3.11　收台布

图 3.12　收台布

4)抛台布

双手拇指和食指分别捏紧台布一边距中线相等位置,将台布向前抛出,平铺于台面,如图3.13所示。

图3.13　抛台布

5)拉台布

双手拇指和食指分别捏紧台布一边距中线相等位置,当台布一边刚过副主人位台面时,双手轻轻将台布拉正,如图3.14所示。

图3.14　拉台布

6)整理台布

从主人位开始,按顺时针方向调整台布,走台一圈,使台布达到十字折痕居中,四周下垂部分均等的效果,如图3.15所示。

图 3.15　整理台布

能力测评

　　分小组展示,组长组织填写铺台布及装饰布考核表,见表3.2。记录员作好填表情况记录,组长收集、反馈信息。

表3.2　铺台布及装饰布考核表

项　目	考核内容	考核标准	分　值	评　价		
				自评	组评	师评
仪表仪容	服饰、面容、动作、表情	服饰整洁大方、操作姿态优美、表情自然、面带微笑	5分			
铺装饰布	叠装饰布	装饰布折叠工整规范	5分			
	开装饰布	动作连贯,打开的装饰布不凌乱	10分			
	收装饰布	手法正确,装饰布收拢有次序	10分			
	推装饰布	一次推到位	10分			
	整理装饰布	走台步伐规范优美,装饰布整理到位	5分			
	整体效果	正面朝上,居中,颜色图案与台布搭配合理且富有美感	10分			
铺台布	叠台布	台布折叠工整规范	5分			
	开台布	动作连贯,打开的台布不凌乱	10分			
	收台布	手法正确,台布收拢有次序	5分			
	抛台布	一次抛铺成功	10分			
	整理台布	走台步伐规范优美,台布整理到位	5分			
铺台布	整体效果	正面朝上,十字折痕居中,四周下垂部分均等	10分			
总　分			100分			

1. 想 — 想

根据宴会主题如何选择台布、搭配装饰布?

2. 试 — 试

①铺长台台布。

②围台裙。

操作提示:

①铺长台台布,需选择几张颜色图案相同的台布,台布接缝朝里。

②桌裙应与桌面齐平,保证桌布平整,接缝处朝里。

3. 小链接

①台布的颜色、规格很多,使用时应与宴会的主题、餐厅的风格协调一致。台布的大小应与餐桌相配,正方形台布四边下垂为 20 ~ 30 cm。

②装饰布的颜色应与台布的颜色形成鲜明对比,突出宴会主题。

③全国职业院校技能大赛中职组酒店服务赛项中餐宴会摆台分赛项台布及装饰布规格为:台布,正方形,240 cm×240 cm,台布 70% 棉,30% 化纤。装饰布,圆形,直径320 cm,装饰布的材质约 30% 的棉、70% 的化纤。

④国赛铺装饰布、台布标准:拉开主人位餐椅,在主人位铺装饰布、台布;装饰布平铺在台布下面,正面朝上,台面平整,下垂均等;台布正面朝上;定位准确,中心线凸缝向上,且对准正副主人位;台面平整;十字居中,台布四周下垂均等。该项分值 7 分。

项目四
餐饮用具的摆放

项目描述

　　该项目涵盖了餐碟定位,摆放汤碗、汤勺、味碟,筷架、银更、筷子、牙签,摆放葡萄酒杯、白酒杯、水杯等餐饮用具技能。通过实训,能根据职业技能大赛中餐宴会摆台赛项规程标准正确规范地摆放餐饮用具。

实训目标

　　①认识中餐摆台餐饮用具。
　　②掌握中餐宴会摆台顺序、摆台的方法及技巧。
　　③能按照职业技能大赛"中餐摆台"项目要求规范摆放餐具。

实训准备

1. 知识准备

上网查询、到学校实训室或酒店餐厅参观,思考以下问题:
①中餐餐具的种类?
②中餐餐具摆放的位置?
③中餐餐具摆放的顺序及方法?

2. 工具准备

餐桌、餐椅、台布、装饰布、干净的擦手布、托盘、餐碟、调味碟、口汤碗、小汤勺、筷架、筷子、银更、牙签,葡萄酒杯、白酒杯、水杯。

3. 劳动组织

4 人一组,组长 1 人,记录员 1 人。

实训要求

　　①摆放餐具时用托盘操作。
　　②训练时餐具不能掉地。
　　③训练结束,按"7S"管理整理实作现场。

训练 1

认识餐具

餐饮服务在菜肴质量方面讲究"色、香、味、形、器",其中"器"就是指盛装菜肴的餐具。清代美食家袁枚在《随园食单》中提到"唯是宜碗者碗,宜盘者盘,宜大者大,宜小者小,参差其间,方得出色",明确指出了菜肴与器具的搭配得当,互相辉映。

(1)餐具的种类及作用

餐具一般指在酒店进餐时使用的食具和器皿,品质高档,种类繁多,质地上分有陶瓷餐具、塑料餐具、不锈钢餐具、竹木餐具、金银餐具、铜锡餐具、金漆餐具,从餐别上分有西餐具、中餐具、酒具、茶具、咖啡具等,如图4.1—图4.4所示。

图4.1　镁质强化瓷餐具

图4.2　色釉瓷餐具

图4.3　陶瓷酒具

图4.4　玻璃酒杯

1)中餐常用餐具种类

中餐常用餐具种类见表4.1。

表4.1 中餐常用的餐具种类

分类标准	种 类	特点及用途	储 存
瓷器餐具	镁质瓷餐具	高白度、高强度、高热稳定性,洁白如玉、晶莹润泽,是星级饭店用餐具	分类码放在架子上,放置高度以便于放入和取出为宜;可以用台布覆盖,以避免落上灰尘
	镁质强化瓷餐具	瓷质高贵典雅,釉面光滑柔和,具有耐高温,耐急冷、温度高,环保餐具,现代化酒店、宾馆及消毒餐具公司的首选陶瓷餐具	
	强化瓷餐具	耐碰耐撞,少用	
	贝质瓷餐具	适合于洗碗机洗涤。贝质瓷餐具的釉面白中带蓝,适合于中低档陶瓷餐具用户	
	色釉瓷餐具	釉下彩陶瓷,瓷器上图案为人工彩绘,具有艺术价值,但要有特色餐具的消毒中心	
玻璃餐具	普通玻璃餐具	普通的玻璃杯、碗	可单排倒扣在架上;用包上塑料皮的特制金属架插放杯子
	派热克斯玻璃餐具	杯体结实、耐高温	
	铅化杯	声音清脆、透明度高	
	钢化玻璃餐具	防震、防碎、耐高温	
	水晶玻璃餐具	晶莹剔透、美观耐用	
金属餐具	镀银餐具	高档的中西餐具	抛光、妥善保存
	不锈钢餐具	中低档中西餐具	擦干水渍

2)中餐宴会摆台餐饮用具名称及规格

中餐宴会摆台餐饮用具名称及规格见表4.2。

表4.2 中餐摆台餐饮用具名称及规格

名 称	规 格
餐 碟	直径17.5 cm
口汤碗	口径11.3 cm,高4 cm,底径4.6 cm
小汤勺	口径7 cm,高1.8 cm,底径3.5 cm
调味碟	长11.8 cm
筷 架	长7.5 cm,宽3.2 cm,高1.5 cm
筷 子	带筷套,长27.5 cm,宽3 cm
银 更	长20 cm
牙 签	长8.5 cm,宽1.5 cm
葡萄酒杯	口径6 cm,高20 cm,底径7.5 cm

名　称	规　格
白酒杯	口径 3.3 cm,高 8 cm,底径 3.3 cm
水　杯	口径 7 cm,高 22 cm,底径 7 cm

部分餐具如图 4.5—图 4.9 所示。

图 4.5　直径 17.5 cm 的餐盘

图 4.6　口汤碗、味碟、瓷勺

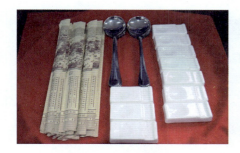

图 4.7　筷架、筷子、银勺

图 4.8　红酒杯、白酒杯

033

图 4.9　水杯

（2）餐具的选择

餐具的选择:首先要考虑餐具与菜肴的搭配、美观等因素,还应考虑洗涤的便利性,尽量避免选用异形盘,确实必须使用异形盘或玻璃盘的,必须单独洗涤,以减少损耗;大型宴会尽量使用规格相同的餐具,如冷菜盘统一规格,热菜盘使用 3~4 种规格(羹盆、圆盆、腰盆和鱼盆),以便收台时按规格分类叠放。

训练 2

摆放餐饮用具

（1）餐碟定位

1）理盘

把托盘擦拭干净，如果不是防滑托盘，垫上干净的垫布。

2）清洁手

用擦手布擦手。

3）装盘

10 个干净的餐盘放在托盘里，如图 4.10 所示。

图 4.10　餐盘装盘

4）摆放餐碟

　　左手托盘，站在主人位，右脚向前迈出一小步，用右手摆放，拿餐碟的边缘，轻拿轻放，间距均等，离桌边 1.5 cm，从主人位开始按照顺时针方向依次摆放。摆放时要求花纹（字头、店徽）要正对客人，一次定位，如图 4.11 所示。

图 4.11　摆放餐碟

(2)摆放口汤碗、小汤勺、味碟

1）装盘

口汤碗、味碟、小汤勺装盘如图 4.12 所示。

图 4.12　口汤碗、味碟、小汤勺装盘

2）摆放

汤碗摆放在餐碟左上方 1 cm 处，味碟摆放在餐碟右上方，小汤勺放置于汤碗中，勺把朝左，与餐碟平行。汤碗与味碟之间距离的中点对准餐碟的中点，汤碗与味碟、餐碟间相距 1 cm，如图 4.13 所示。

图 4.13　餐盘、口汤碗、味碟、小汤勺摆放

(3)摆放筷架、银更(长柄勺)、筷子、牙签

1）装盘

筷架、银更(长柄勺)、筷子、牙签装盘如图 4.14 所示。

图 4.14　筷架、筷子、银更、牙签装盘

2）摆放

筷架摆在餐碟右边,其中点与汤碗、味碟中点在一条直线上,筷架距离味碟 1 cm;银更、筷子搁摆在筷架上,筷尾距桌沿 1.5 cm;牙签位于银更和筷子之间,牙签套正面朝上,底部与银更齐平;筷套正面朝上。如图 4.15 所示。注意轻拿轻放,拿勺柄部。

图 4.15　筷架、筷子、银勺、牙签摆放

（4）摆放葡萄酒杯、白酒杯、水杯

1）装盘

葡萄酒杯、白酒杯、水杯的装盘如图 4.16 所示。

图 4.16　葡萄酒杯与白酒杯的装盘

图 4.17　葡萄酒杯、白酒杯、水杯的摆放

2）摆放

葡萄酒杯摆放在餐碟正上方(汤碗与味碟之间距离的中点线上,杯肚与汤碗的垂直距离 1 cm),白酒杯摆放在葡萄酒杯的右侧,水杯位于葡萄酒杯左侧,杯肚间隔 1 cm,三杯杯底中点成一直线。如果折的是杯花,水杯待餐巾花折好后一摆上桌,如图 4.17 所示。

能力测评

分小组展示,组长组织填写餐饮用具摆放考核表,见表 4.3。记录员作好填表情况记录,组长收集、反馈信息。

表 4.3　餐饮用具摆放考核表

项　目	评分标准	分值	评　价		
			自评	组评	师评
仪容仪表	符合酒店员工要求	10 分			
整理托盘	托盘无水渍、无油污	5 分			
清洁手	用准备台上的擦手布擦手	5 分			
餐碟定位（30 分）	从主人位开始一次性定位摆放餐碟,餐碟间距离均等,与相对餐碟与餐桌中心点三点一线	18 分			
	餐碟边距桌沿 1.5 cm	6 分			
	拿碟手法正确(手拿餐碟边缘部分)、卫生、无碰撞	6 分			
汤碗、汤勺、味碟(10 分)	汤碗摆放在餐碟左上方 1 cm 处,味碟摆放在餐碟右上方,汤勺放置于汤碗中,勺把朝左,与餐碟平行	5 分			
	汤碗与味碟之间距离的中点对准餐碟的中点,汤碗与味碟、餐碟间距离均为 1 cm	3 分			
	操作时拿汤碗和味碟的边缘,拿汤勺的柄	2 分			
筷架、银更、筷子、牙签(10 分)	筷架摆在餐碟右边,其中点与汤碗、味碟在一条直线上	2 分			
	银更、筷子搁摆在筷架上,筷尾的右下角距桌沿 1.5 cm	4 分			
	筷套正面朝上	2 分			
	牙签位于银更和筷子之间,牙签套正面朝上,底部与银更底部齐平	2 分			
葡萄酒杯、白酒杯、水杯(20 分)	葡萄酒杯在餐碟正上方(汤碗与味碟之间的中点线上)	4 分			
	白酒杯摆在葡萄酒杯的右侧,水杯位于葡萄酒杯左侧,杯肚间隔 1 cm,三杯杯底中点成一直线。水杯待餐巾花折好后一起摆上桌,杯花底部应整齐、美观,落杯不超过 2/3 处	12 分			
	摆杯手法正确(手拿杯柄或中下部)、卫生	4 分			
摆餐具的印象(10 分)	轻拿轻放	2 分			
	手法清洁、卫生	2 分			
	台面洁净、无破损	2 分			
	整体美观、具有强烈艺术美感	2 分			
	操作过程中动作规范、娴熟、敏捷、托盘姿态优美,能体现岗位气质	2 分			

续表

项　目	评分标准	分值	评　价		
			自评	组评	师评
失误扣分	操作时每调整或重复一次扣 1 分				
	餐具每落地或遗忘一件扣 5 分,每碰倒或碰撞一次扣 1 分				
	斟酒时,洒一滴扣 1 分,洒一摊或溢出扣 3 分				
时间 8 min	每提前满 30 s 加 1 分,每超时满 30 s 扣 1 分				
总　分	100 分-扣分+提前分(-超时分)				
操作时间:　　　分　　　秒　　　　　　　超时:　　　秒　　　扣分:　　　　分					
物品落地、物品碰倒、物品遗漏　　　件　　　　　　扣分:　　　分					
实际得分					

拓展练习

1. 想一想

下面是某酒店餐饮部的中餐宴会菜单,请你根据菜单的内容,选择适合的餐饮用具。

约定三生

精美八彩碟

蒜茸粉丝龙虾仔

翡翠象拔蚌

金牌脆皮乳鸽

油酱毛蟹炒年糕

荷叶蒸金蹄

清蒸石斑鱼

黑椒滑牛柳

三鲜会鱼肚

白灼时蔬

天麻炖乌鸡

美点双辉

玫瑰细沙羹

扬州炒饭

精美果盘

2 008 元/桌

2. 试一试

①摆 12 人位餐桌的餐位。

②摆零点餐位。

3.操作提示

①摆餐具之前,检查餐具是否完好,无油渍、水渍、无缺口、裂纹。

②台面各种餐具、用具摆放整齐一致,布局合理、美观、间距均等。

4.小链接

①摆台餐用具要与酒店的装饰风格、菜肴相搭配。

②餐具之间的距离要横竖成行,美观大方。

③零餐摆台:

由于零餐人数不固定,所以可以分为四人台、六人台、八人台、十人台、十二人台。

开餐前30 min按要求摆好台。

中餐零点摆台的操作均站在主人位或从主人位开始,按顺时针方向摆放相关物品。

按人数将桌面等分。

有些精致高档酒店的零点摆台要求与宴会一致。而器具使用越少则档次越低。

零餐摆台不变的是酒杯、筷子、勺子、碗、餐碟的位置;巾碟、牙签、茶杯根据各自酒店统一标准。

④餐具摆放如图4.18所示。

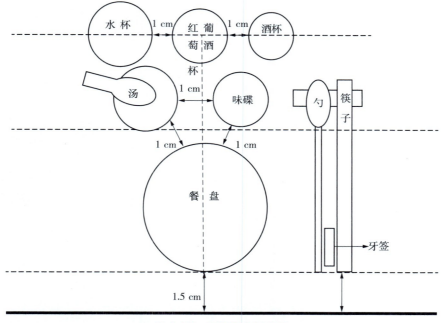

图4.18 中餐宴会摆台图

⑤中餐宴会台面摆放欣赏,如图 4.19 所示。

图 4.19　中餐宴会摆台图

项目五
餐巾折花

项目描述

　　餐巾折花是餐饮服务员必须掌握的一项基本技能,通过艺术创造将餐巾折叠成各种具体形态,装饰美化席面,烘托就餐氛围。该项目涵盖了餐巾折花的基本技法:折叠、推折、卷、翻拉、捏、穿。通过实训,能按照职业技能大赛规程标准折叠餐巾花、摆放餐巾花,能根据不同的宴会主题选择使用不同的餐巾花。

实训目标

　　①了解餐巾的种类及用途,餐巾花的种类及特点。

　　②掌握餐巾折花基本技法,能折叠20种以上的植物类花、动物类花、实物类花。

　　③能合理搭配摆放餐巾花,根据宴会主题选择、使用餐巾花。

实训准备

1. 知识准备

　　①你知道餐巾有何用途吗?

　　②上网查询或到酒店参观餐巾折花。

2. 工具准备

　　餐巾、折花盘、餐盘、水杯、筷子。

3. 劳动组织

　　4人一组,组长1人,记录员1人。

实训要求

　　①折叠餐巾花前要洗手消毒,保持实训物品清洁卫生。

　　②在折叠餐巾花的专用托盘内操作。

　　③操作手法卫生,不用口咬、下巴按,餐巾花插入杯中时手不触及杯口和杯子上半部分。

　　④训练结束,按"7S"管理整理实作现场。

实训内容

训练 1

认识餐巾及餐巾花

（1）餐巾

餐巾又称口布,是客人用餐时的保洁布巾,如图5.1所示。折叠成餐巾花能美化席面,烘托就餐氛围,如图5.2所示。

图5.1 餐巾

图5.2 餐巾花

（2）餐巾的种类及特点

餐巾的种类及特点见表5.1。

表5.1 餐巾的种类及特点

种 类	规 格	特 点
全棉餐巾	50～65 cm	色彩丰富,触感好,吸水性强,但不够挺括,易褪色
维萨餐巾	40～50 cm	色彩艳丽,挺括,不易褪色,经久耐用,但吸水性较差
化纤餐巾	35～40 cm	色彩艳丽,挺括,不易褪色,但吸水性差
纸质餐巾	35～50 cm	一次性使用

（3）餐巾花的种类及特点

餐巾花的种类及特点见表5.2。

表 5.2 餐巾花的种类及特点

分类标准	类型	特点	例花
造型外观	动物类造型	模仿动物特征造型,形态逼真,生动活泼	鸽子、海鸥、孔雀
	植物类造型	模仿植物形态造型,造型美观,变化多样	玫瑰花、荷花、竹笋
	实物类造型	模仿自然界和日常生活中的各种实物形态造型,丰富多彩	花篮、鞋子、折扇
放置工具	杯花	立体感强,造型逼真,但折叠手法复杂,容易污染杯具,不宜提前折叠储存,餐巾打开后褶皱明显	白鹤迎宾、孔雀开屏、单荷花
	盘花	折叠手法简捷,无需借助杯具成型,可提前折叠储存,餐巾打开后平整,使用方便卫生	一帆风顺、扇面送爽、王冠
	环花	折叠手法简捷,花型雅致,使用方便卫生	春卷、竹笋、扇面

043

训练 2

餐巾折花的基本技法及要领

(1)折叠

折叠是最基本的餐巾折花手法,将餐巾折叠成长方形、正方形、三角形或其他形状,如图 5.3—图 5.5 所示。

图 5.3 折叠成长方形   图 5.4 折叠成正方形   图 5.5 折叠成三角形

操作小提示:折叠时要看准折缝和角度,一次折成,避免反复,折叠后留下的痕迹会影响造型挺括美观。

技能篇

（2）推折

推折是将餐巾折成折裥形状所使用的手法,使花型层次丰富、紧凑美观。推折时拇指、食指捏住餐巾两头形成第一个折裥,用中指控制间距,拇指和食指捏紧折裥向前推至中指位置,拇指和食指捏紧已推折好的折裥,中指控制下一个折裥的距离,以此类推,根据花型的需要推折折裥。

推折分为直推和斜推。直推即折裥两头大小一样,平行推成折裥,如图5.6所示。斜推即折裥一头大一头小,向斜面推折,形似扇形,如图5.7所示。

图5.6　平推　　　　　　　　　　　　　　图5.7　斜推

操作小提示:①推折时不能向后拉折;②拇指、食指、中指3指必须配合好,推折出的折裥要均匀整齐;③推折好后,应用手握紧折裥部分,避免折裥散乱影响花型。

（3）卷

卷是将餐巾卷成圆筒形并制成各种花形的手法。卷分为平行卷和斜卷。平行卷即将餐巾两头一同平行卷拢,卷筒大小一致,如图5.8所示。斜卷即将餐巾一头固定只卷一头,或一头多卷一头少卷,如图5.9所示。

图5.8　平行卷　　　　　　　　　　　　　图5.9　斜卷

操作小提示:平行卷时两手用力均匀,卷筒两头形状大小一样,斜卷时要求能按所卷角度的大小,相互配合。不论哪种卷法都要卷紧,形成的花型才美观。

（4）翻拉

翻拉是将折、卷后的餐巾某部位翻或拉成所需花样。如将餐巾的巾角从下端翻拉至上端、从前面向后面翻拉、将夹层向外翻拉等,如图5.10—图5.12所示。

图 5.10　翻　　　　　　　　　图 5.11　翻　　　　　　　　　图 5.12　拉

操作小提示:翻拉时两手要配合协调,松紧适度,前后左右大小一致,距离对称。

(5)捏

捏是将餐巾巾角捏成动物头部所使用的手法。操作时,拇指和食指将餐巾巾角上端拉挺做头颅,然后用食指将巾角尖端向里压下,用中指和拇指将压下的巾角捏紧成所需动物头造型,如图 5.13、图 5.14 所示。

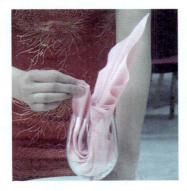

图 5.13　捏　　　　　　　　　　　图 5.14　捏

操作小提示:捏鸟头时要注意棱角分明,大小形状要根据鸟体、鸟翅而定,比例合适。

(6)穿

穿是指用工具(一般使用光滑的筷子)从折好的餐巾夹层折缝中边穿边收,形成皱褶,使造型更加逼真美观的一种方法,如图 3.15 所示。

图 5.15　穿

操作小提示：①用来穿的工具要光滑，避免损伤餐巾；②穿时左手攥紧折叠好的部分，用筷子一头顶住操作台，另一头穿进餐巾的折缝里，用右手的大拇指和食指将筷子上的餐巾一点一点往后收；③筷子穿好后，先将餐巾插入杯中，然后再抽掉筷子，否则穿后形成的皱褶易松散。

训练 3
折叠餐巾花

（1）杯花

1）一叶花

高大挺拔，简洁美观，适合做主位花。

折叠方法及步骤：

①将餐巾向上折至距顶角 2 cm 处，呈三角形，如图 5.16 所示；②从底边向上折 2 cm，如图 5.17 所示；③从中间向两边推折，如图 5.18 所示；④插入杯中，整理成型，如图 5.19 所示。

图 5.16　餐巾向上折成三角形

图 5.17　从底边向上折 2 cm

图 5.18　从中间向两边推折

图 5.19　插入杯中，整理成型

2）二叶花

形态美观,折叠手法简单,适合与一叶花搭配放置在副主人位。

折叠方法及步骤:

①将餐巾呈三角形对折,错开两顶角做叶子,如图5.20所示;②从底边向上折2 cm,如图5.21所示;③从中间向两边推折,如图5.22所示;④插入杯中,整理成型,如图5.23所示。

图5.20　将餐巾呈三角形对折

图5.21　从底边向上折2 cm

图5.22　从中间向两边推折

图5.23　插入杯中,整理成型

3）单荷花

花型简洁美观,适合放置在其他宾客餐位。

折叠方法及步骤:

①将餐巾对折成长方形,如图5.24所示;②再将长方形对折成正方形,如图5.25所示;③从中间向两边推折,如图5.26所示;④将下巾角向上折两层包住底部做花根,如图5.27所示;⑤插入杯中,拉开四片巾角,如图5.28所示;⑥整理成荷花形状,如图5.29所示。

图5.24　将餐巾对折成长方形

图5.25　将长方形对折成正方形

图5.26　从中间向两边推折

图 5.27　将下巾角折上　　　图 5.28　拉开四片巾角　　　图 5.29　整理成荷花形状
　　　　包住底部

4）双荷花

花型简洁美观,适合与单荷花搭配放置在其他宾客餐位。

折叠方法及步骤:

　　①将餐巾对折成长方形,如图 5.30 所示;②再将长方形对折成正方形,如图 5.31 所示;③将正方形两面巾角分别向上对折成三角形,如图 5.32 所示;④从中间向两边推折,如图 5.33 所示;⑤插入杯中,分别拉开两边巾角,如图 5.34 所示;⑥将拉开的四片巾角整理成荷花形状,如图 5.35 所示。

图 5.30　将餐巾对　　　　图 5.31　对折成正方形　　　图 5.32　对折成三角形
　　　　折成长方形

图 5.33　从中间向两边推折　　　图 5.34　拉开两边巾角　　　图 5.35　将四片巾角
　　　　　　　　　　　　　　　　　　　　　　　　　　　　　　整理成荷花形状

5）大叶海棠

花型高大挺括,折叠手法简单,适合做主位花。

折叠方法及步骤:

　　①将餐巾对折成三角形,如图 5.36 所示;②从底边向上卷,如图 5.37 所示;③将卷好的餐巾筒一头向上折至另一头的 2/3 处,如图 5.38 所示;④插入杯中,分别将餐巾卷筒的

两头巾角翻下做叶子,如图5.39所示;⑤整理成海棠叶形状,如图5.40所示。

图5.36　将餐巾对折成三角形　　　　图5.37　从底边向上卷

图5.38　将卷好的餐巾筒　　图5.39　将餐巾卷筒的两巾　　图5.40　整理成海
一头向上折至另一头的2/3处　　角翻下做叶子　　　　　棠叶形状

6)马蹄莲

花型简洁挺括,折叠手法简单,适合与大叶海棠搭配放置在副主人位。

折叠方法及步骤:

①将餐巾对折成三角形,如图5.41所示;②从底边向上卷,如图5.42所示;③将卷好的餐巾筒呈W形对折,如图5.43所示;④插入杯中,分别将餐巾卷筒的两头巾角翻下做叶子,如图5.44所示;⑤整理成马蹄莲叶形状,如图5.45所示。

图5.41　将餐巾对折成三角形　　　　图5.42　从底边向上卷

图5.43　餐巾筒呈W形对折　　图5.44　将餐巾卷筒巾角　　图5.45　整理成马蹄
翻下做叶子　　　　　莲叶形状

7）花篮

花型简洁挺括，折叠手法简单，适合与大叶海棠搭配放置在副主人位。

折叠方法及步骤：

①将餐巾对折成三角形，如图5.46所示；②从底边向上卷距顶端2 cm处，如图5.47所示；③将卷好的餐巾筒呈W形对折，如图5.48所示；④插入杯中，将餐巾卷筒的一头巾角插入另一头巾角中，如图5.49所示；⑤将卷筒中间处的巾角翻上做花篮的叶子，如图5.50所示；⑥整理成花篮形状，如图5.51所示。

图5.46　将餐巾对折成三角形

图5.47　从底边向上卷距顶端2 cm处

图5.48　将卷好的餐巾筒呈W形对折

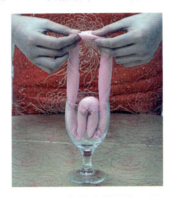
图5.49　将餐巾卷筒的一头
巾角插入另一头巾角中

图5.50　将卷筒中间处的巾角翻上

图5.51　整理成花篮形状

8）仙人掌

花型挺括，简洁大方，适合放置于其他宾客餐位。

折叠方法及步骤：

①将餐巾对折成长方形，如图 5.52 所示；②长方形餐巾对折成正方形，如图 5.53 所示；③正方形对折成三角形，如图 5.54 所示；④从中间向两边斜推，如图 5.55 所示；⑤插入杯中，整理成型，如图 5.56 所示。

图 5.52　将餐巾对折成长方形

图 5.53　对折成正方形

图 5.54　对折成三角形

图 5.55　从中间向两边斜推

图 5.56　插入杯中整理成型

9）玫瑰

形态逼真，美观大方，适合与单荷花、双荷花等花型搭配放置于其他宾客餐位，常用于婚宴。

折叠方法及步骤：

①将餐巾对折成长方形，如图 5.57 所示；②再将长方形对折成正方形，如图 5.58 所示；③将正方形两面巾角分别向上对折成三角形，如图 5.59 所示；④从中间向两边推折，如图 5.60 所示；⑤插入杯中，分别拉开两边巾角做叶子，如图 5.61 所示；⑥将中间皱褶处向外翻出做花瓣，如图 5.62 所示；⑦整理成玫瑰花形状，如图 5.63 所示。

图 5.57　将餐巾对折成长方形

图 5.58　对折成正方形

图 5.59　对折成三角形

图 5.60　从中间向两边推折

图 5.61　拉开两边
　　　　巾角做叶子

图 5.62　将中间皱褶处
　　　　向外翻出做花瓣

图 5.63　整理成玫瑰花形状

10)寿桃

形态逼真,美观大方,适合与双荷花、玫瑰花等花型搭配放置于其他宾客餐位,常用于寿宴。

折叠方法及步骤:

①将餐巾对折成长方形,如图 5.64 所示;②再将长方形对折成正方形,如图 5.65 所示;③将正方形两面巾角分别向上对折成三角形,如图 5.66 所示;④从中间向两边推折,如图 5.67 所示;⑤插入杯中,分别拉开两边巾角做叶子,如图 5.68 所示;⑥将中间皱褶处抻开呈寿桃形状,如图 5.69 所示。

图 5.64　将餐巾对折成长方形

图 5.65　对折成正方形

图 5.66　对折成三角形

图 5.67　从中间向两边推折

图5.68　拉开两边巾角做叶子　　　　图5.69　将中间皱褶处抻开呈寿桃形状

11）美人蕉

花型小巧,形态逼真,适合放置于其他宾客餐位。

折叠方法及步骤:

①将餐巾对折成三角形,如图5.70所示;②三角形底边两巾角分别从里侧向顶角对齐折叠成菱形,如图5.71所示;③顶角第一层和最后一层巾角分别向下折叠与底角对齐,如图5.72所示;④从中间向两边推折,如图5.73所示;⑤将四巾角翻上做叶子,如图5.74所示;⑥插入杯中,整理成型,如图5.75所示。

图5.70　将餐巾对折成三角形　　　　图5.71　两巾角向顶角对齐折成菱形

图5.72　顶角第一层和最后一层巾角　　　　图5.73　从中间向两边推折
　　　　分别向下折叠与底角对齐

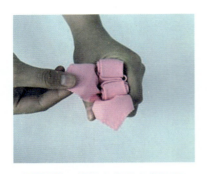

图 5.74　将四巾角翻上做叶子　　　　图 5.75　插入杯中，整理成型

12）四叶球花

花型小巧，形态逼真，适合与美人蕉搭配放置于其他宾客餐位。

折叠方法及步骤：

①将餐巾呈菱形折叠，如图5.76所示；②从中间折叠处向两边推折，如图5.77所示；③将推折后的餐巾向下对折，如图5.78所示；④将四巾角翻上做叶子，如图5.79所示；⑤插入杯中，整理成型，如图5.80所示。

图5.76　将餐巾呈菱形折叠　　图5.77　从中间折叠处向两边推折　　图5.78　将推折后的餐巾向下对折

图5.79　将四巾角翻上做叶子　　　　图5.80　插入杯中，整理成型

13）单叶慈姑

花型小巧，形态逼真，适合与仙人掌搭配放置于其他宾客餐位。

折叠方法及步骤：

①将餐巾对折成长方形，如图5.81所示；②再将长方形向上折至距顶端2 cm处，如

图 5.82 所示;③从餐巾一边向另一边推折,如图 5.83 所示;④将推折好的餐巾对折,能翻开四层餐巾边的头高出 2 cm,如图 5.84 所示;⑤插入杯中,将高出的 2 cm 翻开做叶子,如图 5.85 所示;⑥整理成型,如图 5.86 所示。

图 5.81　将餐巾对折成长方形

图 5.82　向上折至距顶端 2 cm 处

图 5.83　从餐巾一边向另一边推折

图 5.84　将推折好的餐巾对折

图 5.85　插入杯中,将高出的 2 cm 翻开做叶子

图 5.86　整理成型

14）鸡冠花

花型小巧,形态逼真,适合与仙人掌、单叶慈姑等花型搭配放置于其他宾客餐位。

折叠方法及步骤:

①将餐巾从底边向上折 1/4,再从顶边向下折 1/4,如图 5.87 所示;②向后对折成长方形,底边高出 1 cm 左右,如图 5.88 所示;③从中间向两边推折,如图 5.89 所示;④插入杯中,用光滑的筷子从推折好的褶皱中穿过,如图 5.90 所示;⑤抽出筷子,如图 5.91 所示;⑥整理成型,如图 5.92 所示。

图 5.87　将餐巾分别从底边和顶边向上折 1/4

图 5.88　向后对折成长方形

图 5.89　从中间向两边推折

图 5.90　用光滑的筷子从　　　图 5.91　抽出筷子　　　　图 5.92　整理成型
　　　　推折好的褶皱中穿过

15）蝴蝶花

花型小巧,形态逼真,适合放置于其他宾客餐位。

折叠方法及步骤:

①将餐巾两边向中间对折成长方形,如图 5.93 所示;②长方形对折成正方形,如图 5.94 所示;③两巾角往两边呈三角形折叠,如图 5.95 所示;④反面两巾角向两边呈三角形折叠,如图 5.96 所示;⑤从底边向上推折,如图 5.97 所示;⑥将推折好的餐巾对折,如图 5.98 所示;⑦插入杯中,整理成型,如图 5.99 所示。

图 5.93　将餐巾两边向中间　　图 5.94　对折成正方形　　图 5.95　往两边呈三角形折叠
　　　　对折成长方形

图 5.96　反面两巾角呈三角形折叠　图 5.97　从底边向上推折　　图 5.98　对折

图 5.99　插入杯中,整理成型

16）花蝴蝶

花型小巧，形态逼真，适合与蝴蝶花花型搭配放置于其他宾客餐位。

折叠方法及步骤：

①将餐巾两边向中间对折成长方形，如图 5.100 所示；②长方形对折成正方形，如图 5.101 所示；③两巾角往两边呈三角形折叠，如图 5.102 所示；④反面两巾角向两边呈三角形折叠，如图 5.103 所示；⑤从底边向上卷 1/2，如图 5.104 所示；⑥剩下的 1/2 向上推折，如图 5.105 所示；⑦将卷、折好的餐巾对折，如图 5.106 所示；⑧插入杯中，整理成型，如图 5.107 所示。

图 5.100　两边向中间对折成长方形

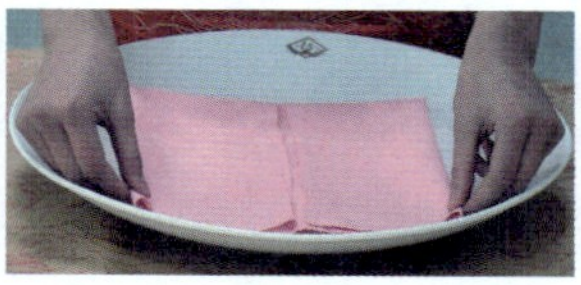

图 5.101　对折成正方形

图 5.102　两巾角呈三角形折叠

图 5.103　反面两巾角向
两边折成三角形

图 5.104　从底边向上卷 1/2

图 5.105　向上推折

图 5.106　对折

图 5.107　插入杯中，
整理成型

17）冲天蝴蝶

花型小巧，形态逼真，适合与蝴蝶花、花蝴蝶等花型搭配放置于其他宾客餐位。

折叠方法及步骤：

①将餐巾两边向中间对折成长方形，如图 5.108 所示；②长方形对折成正方形，如图 5.109 所示；③底边两巾角往两边呈三角形折叠，如图 5.110 所示；④从底边向上卷至 1/2 处，如图 5.111 所示；⑤剩下的 1/2 向上推折，如图 5.112 所示；⑥将卷、折好的餐巾对折，如图 5.113 所示；⑦插入杯中，整理成型，如图 5.114 所示。

图 5.108　向中间对折成长方形

图 5.109　对折成正方形

图 5.110　两巾角呈三角形折叠

图 5.111　从底边向上卷 1/2

图 5.112　向上推折

图 5.113　对折

图 5.114　插入杯中,整理成型

18）四尾金鱼

花型小巧,美观逼真,适合放置在其他宾客餐位。

折叠方法及步骤:

①将餐巾对折成长方形,如图 5.115 所示;②再将长方形对折成正方形,如图 5.116 所示;③餐巾呈菱形摆放,从中间向两边推折,如图 5.117 所示;④将推折好的餐巾对折,有四层巾角的一头向上折拢做金鱼的尾,另一头做金鱼的头,如图 5.118 所示;⑤插入杯中,抻开头部,尾部四层巾角拉开成金鱼尾形状,如图 5.119 所示;⑥整理成型,如图 5.120 所示。

图 5.115　对折成长方形

图 5.116　对折成正方形

图 5.117　从中间向两边推折

图 5.118　对折

图 5.119　插入杯中，抻开头部，
拉开四巾角做尾

图 5.120　整理成型

19）白鹭

花型高大挺括，形态逼真，适合放置在主人餐位。

折叠方法及步骤：

①餐巾呈菱形摆放，左手按住底巾角，右手从右边巾角处往左斜卷至餐巾中间部位，如图 5.121 所示；②将左边的巾角向右斜卷至中间部位，如图 5.122 所示；③卷好的餐巾呈 W 形折叠，头部是尾部的 1/3 长，如图 5.123 所示；④捏鸟头，如图 5.124 所示；⑤插入杯中，整理成型，如图 5.125 所示。

图 5.121　从右边巾角处往左斜卷

图 5.122　将左边的巾角向右斜卷

图 5.123　呈 W 形折叠，
尾部高于头部

图 5.124　捏鸟头

图 5.125　插入杯中，整理成型

20）仙鹤

花型高大挺括，形态逼真，适合与白鹭花型搭配放置在副主人餐位。

折叠方法及步骤：

①餐巾呈菱形摆放，左手按住底巾角，右手从右边巾角处往左斜卷至餐巾中间部位，如图 5.126 所示；②将左边的巾角向右斜卷至中间部位，如图 5.127 所示；③卷好的餐巾

呈 W 形折叠,尾部是头部的 1/3 长,如图 5.128 所示;④捏鸟头,如图 5.129 所示;⑤插入杯中,整理成型,如图 5.130 所示。

图 5.126 从右边巾角处往左斜卷

图 5.127 将左边的巾角向右斜卷

图 5.128 呈 W 形折叠,
头部高于尾部

图 5.129 捏鸟头

图 5.130 插入杯中,整理成型

（2）盘花

1）小船

折叠手法简洁,造型美观大方,适合放置在其他宾客餐位。

①餐巾呈三角形折叠,如图 5.131 所示;②再呈三角形折叠,如图 5.132 所示;③右边巾角往左边对拢折叠,如图 5.133 所示;④底边向上呈三角形折叠,如图 5.134 所示;⑤顶角向下呈三角形折叠,如图 5.135 所示;⑥底边向上翻出 2 cm,如图 5.136 所示;⑦整理成型,放入盘中,如图 5.137 所示。

图 5.131 呈三角形折叠

图 5.132 再呈三角形折叠

图 5.133 右边巾角往左边对拢折叠

图 5.134 底边向上呈三角形折叠

图 5.135　顶角向下呈三角形折叠

图 5.136　底边向上翻出 2 cm

图 5.137　整理成型,放入盘中

2)帆船

折叠手法简洁,造型美观大方,适合放置在其他宾客餐位。

折叠方法及步骤:

①将餐巾对折成长方形,如图 5.138 所示;②再将长方形对折成正方形,如图 5.139 所示;③餐巾呈菱形摆放,分别将四层巾角往上折,每层间距 1 cm,呈三角形,如图 5.140 所示;④两边向中间对准顶角往下折拢,如图 5.141 所示;⑤翻面将下面两巾角向上折叠,如图 5.142 所示;⑥两边对折,如图 5.143 所示;⑦翻出四片巾角做船帆,如图 5.144 所示;⑧整理成型,放入盘中,如图 5.145 所示。

图 5.138　对折成长方形

图 5.139　对折成正方形

图 5.140　四层巾角往上折

图 5.141　两边向中间往下折拢

图 5.142　翻面将下面两巾角向上折叠

图 5.143　两边对折

图 5.144　翻出四片巾角做船帆

图 5.145　整理成型,放入盘中

3)和服归箱

折叠手法简洁,造型美观大方,适合放置在其他宾客餐位。

折叠方法及步骤:

①将餐巾呈三角形折叠,如图 5.146 所示;②底边向上折叠 2 cm,如图 5.147 所示;③翻面,上边两巾角向下交叉折叠,如图 5.148 所示;④翻面,两边往中间折 1 cm,如图 5.149 所示;⑤下面巾角部分往上压在上边夹层里,如图 5.150 所示;⑥翻面整理成型,放入盘中,如图 5.151 所示。

图 5.146　餐巾呈三角形折叠

图 5.147　底边向上折叠 2 cm

图 5.148　上边两巾角向下交叉折叠

图 5.149　两边往中间折 1 cm

图 5.150　巾角压在夹层里

图 5.151　整理成型,放入盘中

4）扇面

折叠手法简洁,造型美观大方,适合放置在其他宾客餐位。

折叠方法及步骤:

①将餐巾底边向上折叠1/4,如图5.152所示;②顶边向下折叠1/4,如图5.153所示;③对折成长方形,如图5.154所示;④从一边向另一边推折5~7个折裥,如图5.155所示;⑤将两面夹层里的巾角拉成直角三角形,如图5.156所示;⑥放入盘中,整理成型,如图5.157所示。

图5.152 底边向上折叠1/4

图5.153 顶边向下折叠1/4

图5.154 对折成长方形

图5.155 推折5~7个折裥

图5.156 夹层里的巾角拉成直角三角形

图5.157 放入盘中,整理成型

5）皇冠

花型高大挺拔,折叠手法简洁,适合放置在主人餐位。

折叠方法及步骤:

①将餐巾对折成长方形,如图5.158所示;②右边巾角往上折至顶边1/2处,如图5.159所示;③左边巾角往下折至底边1/2处呈平行四边形,如图5.160所示;④翻面对折,如图5.161所示;⑤将两巾角翻下,如图5.162所示;⑥对折,将底边左巾角插入右边巾角夹层里,如图5.163所示;⑦放入盘中,整理成型,如图5.164所示。

图 5.158 　对折成长方形

图 5.159 　巾角往上折

图 5.160 　左边巾角往下折

图 5.161 　翻面对折

图 5.162 　两巾角翻下

图 5.163 　底边左巾角插入右夹层里

图 5.164 　放入盘中,整理成型

6)主教帽

花型高大挺拔,折叠手法简洁,适合与皇冠搭配放置在副主人餐位。

折叠方法及步骤:

①将餐巾对折成三角形,如图 5.165 所示;②底边两角往顶角对拢折叠成菱形,如图 5.166 所示;③底角往上折至距顶角 2 cm 处,如图 5.167 所示;④再将折上部分往下对折,如图 5.168 所示;⑤翻面,将三角形一巾角插入另一巾角夹层里,如图 5.169 所示;⑥将顶角外层两巾角向两边翻下,如图 5.170 所示;⑦放入盘中,整理成型,如图

5.171 所示。

图 5.165　对折成三角形

图 5.166　底边两角对拢顶角折成菱形

图 5.167　底角往上折

图 5.168　往下对折

图 5.169　一巾角插入另一巾角夹层里

图 5.170　翻下两巾角

图 5.171　放入盘中,整理成型

7)雨后春笋

花型高大挺拔,折叠手法简洁,适合放置在主人餐位。

折叠方法及步骤:

①将餐巾对折成长方形,如图 5.172 所示;②再将长方形对折成正方形,如图 5.173 所示;③餐巾呈菱形摆放,分别将四层巾角往上折,每层间距 1 cm,呈三角形,如图 5.174 所示;④翻面,将三角形一巾角插入另一巾角里,如图 5.175 所示;⑤放入盘中,整理成型,如图 5.176 所示。

图 5.172　对折成长方形

图 5.173　对折成正方形

图 5.174　四层巾角往上折

图 5.175　一巾角插入另一巾角夹层里

图 5.176　放入盘中，整理成型

8）生日蜡烛

花型高而挺拔，折叠手法简洁，富有寓意，适合放置在主人餐位。

折叠方法及步骤：

①将餐巾对折成三角形，如图 5.177 所示；②底边向上折 2 cm 左右，如图 5.178 所示；③从一边往另一边平行卷，如图 5.179 所示；④余下巾角底插入夹层中，如图 5.180 所示；⑤放入盘中，整理成型，如图 5.181 所示。

图 5.177　对折成三角形

图 5.178　底边向上折 2 cm 左右

图 5.179　从一边往另一边平行卷

图 5.180　巾角底插入夹层中

图 5.181　放入盘中,整理成型

9)春池浮荷

折叠手法简洁,形态生动美观,富有寓意,适合放置在其他宾客餐位。

折叠方法及步骤:

①将餐巾四巾角向中间折成正方形,如图 5.182 所示;②再将折后四巾角向中间折成正方形,如图 5.183 所示;③翻面,将餐巾四巾角向中间折成正方形,如图 5.184 所示;④再将折后四巾角向中间折成正方形,如图 5.185 所示;⑤翻面,向外翻出四巾角成荷花形状,如图 5.186 所示;⑥放入盘中或置于台面,整理成型,如图 5.187 所示。

图 5.182　四巾角向中间折成正方形

图 5.183　再向中间折成正方形

图 5.184　翻面将餐巾四巾角向中间折成正方形

图 5.185　再向中间折成正方形

图 5.186　翻面向外翻出四巾角

图 5.187　放入盘中,整理成型

10）三角蓬

花型高大挺拔，折叠手法简洁，适合放置在副主宾餐位。

折叠方法及步骤：

①将餐巾折叠成长方形，如图 5.188 所示；②再折叠成正方形，如图 5.189 所示；③将正方形折叠成三角形，如图 5.190 所示；④再折叠成三角形，如图 5.191 所示；⑤放入盘中将三角形抻开，如图 5.192 所示；⑥整理成型，如图 5.193 所示。

图 5.188　折叠成长方形

图 5.189　再折叠成正方形

图 5.190　折叠成三角形

图 5.191　再折叠成三角形

图 5.192　放入盘中，将三角形抻开

图 5.193　整理成型

（3）环花

1）折扇

花型简洁大方，适合放置在主人餐位。

折叠方法及步骤：

①将餐巾底边向上折叠 1/4，如图 5.194 所示；②顶边向下折叠 1/4，如图 5.195 所示；③对折成长方形，餐巾下面层高出上面层 1～2 cm，如图 5.196 所示；④从一边向另一边推折 5～7 个折裥，如图 5.197 所示；⑤套上餐巾环或餐巾扣，如图 5.198 所示；⑥向两边抻开折裥，如图 5.199 所示；⑦整理成型，放入盘中，如图 5.200 所示。

图 5.194　底边向上折叠 1/4

图 5.195　顶边向下折叠 1/4

图 5.196　对折成长方形

图 5.197　从一边向另一边推折

图 5.198　套上餐巾扣

图 5.199　向两边抻开折裥

图 5.200　整理成型

2）春卷

花型简洁大方,适合放置在其他宾客餐位。

折叠方法及步骤:

①将餐巾底边向上折叠 1/4,如图 5.201 所示;②顶边向下折叠 1/4,如图 5.202 所示;③对折成长方形,餐巾下面层高出上面层 1～2 cm,如图 5.203 所示;④从一边向另一边卷,如图 5.204 所示;⑤套上餐巾环或餐巾扣,如图 5.205 所示;⑥整理成型,放入盘中,如图 5.206 所示。

图 5.201　底边向上折叠 1/4

图 5.202　顶边向下折叠 1/4

图 5.203　对折成长方形

图 5.204　从一边向另一边卷

图 5.205　套上餐巾扣

图 5.206　整理成型

3）千层雪

花型简洁大方，适合放置在其他宾客餐位。

折叠方法及步骤：

①将餐巾底边向上折叠 1/4，如图 5.207 所示；②顶边向下折叠 1/4，如图 5.208 所示；③对折成长方形，餐巾下面层高出上面层 1～2 cm，如图 5.209 所示；④从一边向另一边推折，如图 5.210 所示；⑤套上餐巾环或餐巾扣，如图 5.211 所示；⑥整理成型，放入盘中，如图 5.212 所示。

图 5.207　底边向上折叠 1/4

图 5.208　顶边向下折叠 1/4

图 5.209　对折成长方形

图 5.210　从一边向另一边推折

图 5.211　套上餐巾扣

图 5.212　整理成型

训练 4

餐巾折花的选择和应用

（1）餐巾花的选择

一般应根据宴会的主题、规模、规格、来宾的宗教信仰、风俗习惯、季节时令、餐厅装修风格等因素来选择设计餐巾花，以达到布置协调、装饰美化就餐环境的效果。如，寿宴宜选择寿桃、生日蜡烛等花型；婚宴宜选择玫瑰、并蒂莲、百合等花型；大型宴会宜选择简洁的盘花，便于提前折叠；春天宜选择春日浮荷、雨后春笋等花型。色彩的选择应与餐厅的装修风格协调一致。

（2）餐巾花的摆放

①餐巾花观赏面朝向客人，特殊花型主位除外。

②主人位应摆放高大显目的花，副主人位次之，其他宾客餐位的花要高低均匀，错落有致，整体协调。

③形状相似的花型要错开并对称摆放。

④有头尾的动物造型花应头朝右，主位除外。

⑤同桌的餐巾花摆放间距要匀称，做到花不遮挡餐具，不妨碍服务操作。

071

能力测评

分小组展示，组长组织填写餐巾折花考核表，见表5.3。记录员作好填表情况记录，组长收集、反馈信息。

表5.3　餐巾折花考核表

项　目	考核内容	考核标准	分　值	评　价		
				自评	组评	师评
仪容仪表	服饰、面容、动作、表情	服饰整洁大方、操作姿态优美、表情自然、面带微笑	8分			
手法	要领	折叠、推折、卷、翻拉、捏、穿6种基本手法操作正确	10分			
	操作卫生	折花前消毒洗手，操作中不用牙咬、下巴按，手不触及杯口和杯子上半部分	5分			
花型	杯花	折叠10种杯花，花型逼真、美观大方，一次性成形	20分			
	盘花	折叠10种盘花，花型逼真、美观大方，一次性成形	20分			

技能篇

续表

项　目	考核内容	考核标准	分　值	评　价		
				自评	组评	师评
花型	环花	折叠两种餐巾环花,花型逼真、美观大方,餐巾环、扣使用正确	5分			
设计	自创花型(6种)	根据确定的宴会主题或餐厅风格选择设计6种花型,设计的花型形态逼真,造型美观	12分			
摆放	摆放10人座餐桌餐巾花	花型突出正、副主位,观赏面朝向宾客,有头尾的动物造型应头朝右,主位除外,整体协调。杯花插入杯中的深度适宜,盘花要摆正、摆稳、挺立、不散	20分			
总　分			100分			

拓展练习

1. 想一想

根据宴会主题如何选择使用餐巾花?

2. 试一试

模仿生活中花草树木、鸟兽虫鱼、实物用品,自创餐巾花型。

3. 操作提示

①注意操作卫生。

②简化折叠方法,减少反复折叠次数。

4. 小链接

①杯花底部应整齐、美观,落杯不超过2/3处。

②餐巾折花发展新趋势:a. 花型向线条简洁、明快、挺括方向发展。因为这类花型折叠所需时间短、速度快,而且散开后,餐巾褶皱少,使用方便。b. 餐巾花的种类趋向盘花。因为杯花操作时容易污染杯子,折叠手法较复杂,打开后餐巾褶皱较多。盘花简洁大方、美观实用、卫生方便,目前已被中西餐厅广泛使用。

③国赛折餐巾花标准:折6种以上不同餐巾花,每种餐巾花3种以上技法;花型突出正、副主人位;有头尾的动物造型应头朝右,主人位除外;巾花观赏面向客人,主人位除外;巾花挺拔、造型美观、款式新颖;操作手法卫生,不用口咬、下巴按、筷子穿;手不触及杯口及杯的上部。如折的是杯花,水杯待餐巾花折好后一起摆上桌。该项分值12分。

项目六
公用餐具的摆放

项目描述

　　该项目包括公用餐具的种类,摆放的位置和顺序等实训内容,通过训练使学生能按全国职业院校技能大赛中职组酒店服务赛项"中餐宴会摆台"分赛项规程要求正确规范地摆放公用筷架和公用筷、公用匙。

实训目标

　　①理解公用餐具的种类。

　　②掌握摆放公用筷和公用匙的方法及技巧。

　　③能按照职业技能大赛"中餐宴会摆台"项目要求,规范地摆放公用筷架和公用筷、公用匙。

实训准备

1. 知识准备

　　①什么是公用餐具? 公用餐具有哪几种?

　　②公用餐具的作用是什么?

2. 工具准备

　　筷架两个、筷子两双、不锈钢匙两把。

3. 劳动组织

　　4 人一组,组长 1 人,记录员 1 人。

实训要求

　　①训练时托盘操作,公用餐具不能掉地。

　　②训练结束,按"7S"管理整理实作现场。

训练 1
摆公用筷架

（1）什么是公用餐具

①公用餐具是在中餐宴会摆台时，为了方便宾客就餐时取菜卫生，摆放在正副主人前方的公用筷、公用匙。10 人位餐台需摆放两套上述公用餐具，10 人位以上的餐台可根据人数摆放 4~6 套公用餐具。

②公用餐具的种类见表 6.1。

表 6.1　公用餐具的种类

分类标准	种　类
筷架	长 7.5 cm，宽 3.2 cm，高 1.5 cm
银更	长 20 cm
筷子	带筷套，长 27.5 cm，宽 3 cm

（2）摆公用餐具的步骤及技法

实训步骤：

1）装盘

托盘的左边放两双筷子，筷套正面朝上，中间放不锈钢勺，勺托向上，右边放两个筷架，横竖成行，如图 6.1 所示。

图 6.1　公用餐具装盘

2）摆第一套公用餐具

①摆筷架。站在主人位,右脚向前迈出一小步,左手托盘,右手拿筷架,公用筷架摆放在主人餐位正上方,距水杯肚3 cm,竖着摆筷架,放勺的一面临近水杯,如图6.2所示。

图6.2　公用餐具摆放

②摆公用匙。右手拿不锈钢匙的柄把,摆放在勺托上,勺把向右,与三套杯的中心线平行。

③摆筷子。右手拿筷子,横向摆放在筷架上,筷头向右,与不锈匙平行,同时筷子的中心点在桌布中心线,成"十"字交叉。

3）摆第二套公用餐具

①摆放好第一套公用餐具后,顺时针方向绕台到副主人位,右脚向前迈出一小步,公用筷架摆放在副主人餐位正上方,距水杯肚3 cm,竖着摆筷架,放勺的一面临近水杯。

②摆公用勺。右手拿不锈钢匙的柄把,横向摆放在勺托上,勺把向右,与三套杯的中心线平行。

③摆筷子。右手拿筷子,横向摆放在筷架上,筷头向右,与不锈匙平行,同时筷子的中心点在桌布中心线上,成"十"字交叉,如图6.3、图6.4所示。

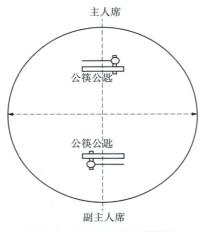

图6.3　公用餐具摆放平面图

图 6.4　公用餐具摆放

能力测评

　　分小组展示,组长组织填写摆公用餐具考核表,见表 6.2。记录员作好填表情况记录,组长收集、反馈信息。

表 6.2　摆公用餐具考核表

项　　目	考核内容	考核标准	分　值	得　分	原　因
摆第一套公用餐具	仪表仪容	符合酒店员工要求	10 分		
	装盘	装盘规范,横竖成行	10 分		
	摆筷架	公用筷架摆放在主人餐位正上方,距水杯肚 3 cm	10 分		
	摆长柄汤勺	把长柄汤勺放在勺托上,勺柄向右	10 分		
	摆筷子	筷头向右,正面朝上	10 分		
摆第二套公用餐具	摆筷架	公用筷架摆放在副主人餐位正上方,距水杯肚 3 cm	10 分		
	摆长柄汤勺	把长柄汤勺放在勺托上,勺柄向右	10 分		
	摆筷子	筷头向右,正面朝上	10 分		
整体效果	公用筷架摆放在主人和副主人餐位正上方,距水杯肚 3 cm,公勺、公筷置于公用筷架之上,勺柄、筷子尾端朝右		10 分		
	公用餐具平行,美观大方,摆放时餐具没掉地,轻拿轻放		10 分		
总　　分			100 分		

1. 想一想

为什么要摆放公用餐具？

2. 试一试

摆放 4 套公用餐具。

3. 操作提示

①摆放公用餐具时,拿筷头和勺柄。

②两套餐具要对称,横竖成行,美观大方。

4. 小链接

①公用餐具根据宴会的主题,选择与摆台餐具配套的筷架、筷子和长柄汤勺。

②公共餐具的摆放要方便宾客取菜。

③国赛摆放公用餐具标准:公用筷架摆放在主人和副主人餐位正上方,距水杯肚 3 cm,公勺、公筷置于公用筷架之上,勺柄、筷子尾端朝右。如折的是杯花,可先摆放杯花,再摆放公用餐具。该项分值 2 分。

项目七

菜单及其他装饰物和桌号牌的摆放

项目描述

　　该项目包括菜单及其他装饰物、桌号牌摆放位置及摆放方法等训练,通过此项目的训练,能正确规范地摆放菜单、花瓶(盆花)、桌号牌。

实训目标

　　①理解摆放菜单的重要性。
　　②掌握摆放菜单、花瓶、桌号牌的方法及技巧。
　　③能按照职业技能大赛"中餐宴会摆台"项目要求规范地摆放花瓶(盆花)、菜单、桌号牌。

实训准备

1. 知识准备

①什么是菜单? 菜单的作用?
②花瓶(盆花)及其他饰物摆放的作用?
③桌号牌的种类及作用?

2. 工具准备

托盘、菜单两份,花瓶1个或者盆花1盆,桌号牌1个。

3. 劳动组织

4人一组,组长1人,记录员1人。

实训要求

①训练时菜单、花瓶(盆花)桌号不能掉地。
②训练结束,按"7S"管理整理实作现场。

训练 1
摆放花瓶及装饰物

（1）花瓶（盆花）及其他饰物的作用

一般宴会在餐桌的中央摆放花瓶，大型宴会在餐桌的中央摆放盆花，主题宴会在餐桌的中央摆放体现主题的插花，其目的是美化台面，烘托宴会主题的作用，如图 7.1 所示。

图 7.1　花台

（来源于百度中餐宴会图片展示）

（2）装饰物的类型

装饰物的类型见表 7.1。

表 7.1　餐桌台面装饰物表

名　称	用　途
花瓶	一般餐台，美化台面的作用
盆花	大型宴会，烘托宴会主题
主题插花	主题宴会，体现宴会的档次，烘托宴会的主题

（3）摆放花瓶、盆花、插花的步骤及技法

1）装盘

把菜单、花瓶（盆花）、桌号整齐地放在托盘里，如图 7.2 所示。

079

图 7.2 　瓶花、盆花、桌号装盘

2）摆放

花瓶、花盆或插花摆放在餐桌的中央。

①花瓶应摆放在餐桌的中央，如图 7.3 所示。

图 7.3 　花瓶摆放

（图片来源于呢图网）

②盆花摆放在餐桌中央，如图 7.4 所示。

图 7.4 　盆花摆放

（图片来源于呢图网）

③根据宴会的主题,选择恰当的花材,在餐桌中央插花,观赏面朝向主人和主宾席位,如图7.5所示。

图 7.5　宴会插花

（图片来源于呢图网）

训练 2

摆放菜单

（1）菜单的种类及作用

菜单欣赏,如图7.6所示。

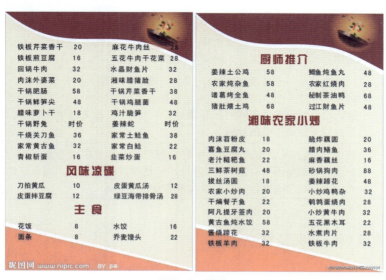

图 7.6　菜单

（图片来源于呢图网）

1)什么是菜单

菜单是餐饮企业向客人提供的餐饮产品的品种和价格的一览表。菜单设计与制作的好坏将直接影响餐饮经营的成败。

2)菜单的作用

菜单是餐饮企业与消费者之间的桥梁与纽带,菜单决定了餐厅的主题与风格,体现餐厅的特色,菜单是餐饮企业重要的宣传品之一,具有艺术性。

3)菜单的种类

菜单的种类见表7.2。

表7.2　菜单的分类及特点

种 类		特 点
点菜菜单	早餐菜单	简单、服务迅速,菜点高质量,星级饭店的早餐菜单一般分为中、西式两种
	午、晚餐菜单	午、晚餐菜单的要求是品种繁多,选择余地较大,并富于特色
	周末早午餐菜单	周末早午餐菜单介于早餐和午、晚餐菜单之间,既有早餐菜点,又有午、晚餐菜点
	客房送餐菜单	品种较少,质量较高,价格较高
套餐菜单		所谓套餐,是指由餐饮企业按一般的进餐习惯为客人提供规定的菜点,而客人不能自由选择。套餐菜单就是这些规定菜点的排列表。其特点是只有一餐的统一价格,而没有每道菜点的单独价格
团队用餐菜单		根据客人的口味特点安排菜点;中西菜点结合,高中低档菜点搭配;这些客人往往会在餐厅连续用餐,所以应注意菜点的花色品种,争取做到天天不一样、餐餐不重复
宴会菜单		宴会菜单是根据客人的饮食习惯、口味特点、消费标准和宴请单位或个人的要求而特别制订的菜单。餐饮企业一般会根据季节、标准等制订几套宴会菜单,当客人前来预订时再根据客人的要求作适当的调整
自助餐菜单		自助餐菜单与套餐菜单相似,两者的主要区别是菜点的种类和数量。自助餐菜单的定价方式一般也有两种:一种是与套餐菜单相同的包价方式,即价格固定,然后客人任意选择餐厅提供的所有菜点;另一种是每种菜点单独定价,客人选择某种菜点就支付该菜点的价格
酒 单		酒单,就是酒吧中的酒水单。中餐宴会的酒单和菜单同等重要,相当一部分餐饮企业的菜单与酒单合二为一,但最好还是单独设计酒单。酒单应清楚、整洁和精美,不宜太复杂,而且应根据客人的需求经常更新

(2)摆放菜单的步骤及技法

1)摆放第一份菜单

站在主人位,左手托盘,右手持第一张菜单摆放在主人的筷子架右侧,位置一致,菜单右尾端距离桌边 1.5 cm,如图 7.7 所示。

图 7.7　摆放第一份菜单

2)摆放第二份菜单

按顺时针方向,到副主人位,菜单摆放在副主人的筷子架右侧,位置一致,菜单右尾端距离桌边 1.5 cm,如图 7.8 所示。

图 7.8　摆放第二份菜单

训练 3

摆放台号牌

(1)台号牌的作用

餐桌上摆放台号牌是为了方便宾客及时、准确地找到餐桌位置。

(2)摆放台号牌的步骤及技法

在花瓶(花篮或其他装饰物)的正前面,摆放台号牌,面对副主人位,如图 7.9 所示。

图 7.9 台号摆放

能力测评

分小组展示,组长组织填写菜单、花瓶(花篮或者其他装饰物)、桌号牌考核表,见表 7.3。记录员作好填表情况记录,组长收集、反馈信息。

表 7.3 菜单、花瓶(花篮或者其他装饰物)、桌号牌考核表

项目	考核内容	考核标准	分 值	评 价		
				自评	组评	师评
着装	仪表仪容	符合酒店员工要求	10 分			
装盘	菜单、花瓶、台号装盘	菜单放在托盘右边横竖成行,正面朝上,花瓶放在托盘中间,台号放在托盘左边	20 分			
摆放花瓶、盆花、插花	花瓶	放在餐桌的中央,观赏面朝向主人	10 分			
	盆花	摆放在餐桌中央,干净美观	10 分			
	插花	根据宴会主题,摆放装饰物,观赏面朝向主宾席位	10 分			
摆放公用菜单	位置	在正副主人餐位的右侧,距离筷子 3 cm,菜单底部离桌边 1.5 cm,并与餐碟的纵向直径平行	10 分			
	朝向	菜单正面朝上,开口向右	10 分			
摆放台号牌	台号牌	在花瓶(花篮或其他装饰物)的正前面,摆放台号牌,面对副主人位	20 分			
总　　分			100 分			

(摆放要求来源于重庆市职业技能大赛旅游类中餐宴会摆台项目比赛标准。)

1. 想 — 想

根据宴会主题如何选择菜单和装饰物?

2. 试 — 试

①摆放 4 张菜单,或者 1 人 1 份菜单。

②主题插花。

3. 操 作 提 示

①12 位以上的餐桌,应摆放 4 张菜单,摆成"十"字形。

②主题插花必须根据宴会主题,选择花材,并根据桌面的大小造型。

4. 小 链 接

①菜单的种类很多,根据宴会的性质选择恰当的菜单。

②餐桌主题插花,既能美化台面,更能体现宴会的主题。

项目八
拉椅让座

项目描述

　　拉椅让座是对客人的一种礼遇,是餐饮服务人员必须具备的一项基本技能,该项目涵盖了拉椅、示座的顺序及动作要领,通过实训,能按照职业技能大赛规程标准正确规范地拉椅示座。

实训目标

　　①理解拉椅定位的顺序。
　　②掌握拉椅定位的动作要领。
　　③能正确规范地拉椅示座,并使用礼貌用语。

实训准备

1. 知识准备

到酒店餐厅观察服务员拉椅让座服务。

2. 工具准备

餐桌、餐椅、装饰布、台布。

3. 劳动组织

4 人一组,组长 1 人,记录员 1 人。

实训要求

　　①拉椅时动作要轻,不能发出刺耳的响声。
　　②拉椅让座时要使用礼貌用语。
　　③训练结束,按"7S"管理整理实作现场。

实训内容

训练 1
拉　椅

（1）拉椅的动作要领

拉椅的动作要领：两手握住椅背两侧上半部分，大拇指在椅子里侧，其余四指在椅背外侧，右脚向前迈出半步，右腿膝盖顶住椅背，轻轻将座椅往后拉开约 30 cm 或客人一个身位的距离，待客人将要落座时，缓缓用右腿膝盖及双手将椅子推进，以不碰到客人为宜，如图 8.1 所示。

（2）拉椅让座的顺序

拉椅让座的顺序：先拉第一主宾（主人位右侧第 1 位）、第二主宾（主人位左侧第 1 位）、主人位，然后按顺时针方向逐一拉椅定位。座位中心与餐碟中心对齐，餐椅之间距离均等，餐椅座面边缘距台布下垂部分 1 cm，如图 8.2 所示。

图 8.1　拉椅

087

图 8.2　拉椅定位

技能篇

训练 2

示　座

示座的手势要领:右手五指伸直并拢,掌心斜向上方,手与前臂形成直线,以肘关节为轴,弯曲140°左右为宜,手掌与地面形成45°角指向座位,如图8.3所示。

图8.3　示座

能力测评

分小组展示,组长组织填写拉椅示座考核表,见表8.1。记录员作好填表情况记录,组长收集、反馈信息。

表8.1　拉椅示座考核表

项　目	考核内容	考核标准	分　值	评　价		
				自评	组评	师评
仪表仪容	服饰、面容、动作、表情	服饰整洁大方、操作姿态优美、表情自然、面带微笑	10分			
拉椅	顺序	第1主宾—第2主宾—主人位—其他宾客	30分			
	动作要领	两手握住椅背两侧上半部分,手势正确,右腿膝盖顶住椅背,协助拉出椅子,不妨碍客人就座	30分			

项　目	考核内容	考核标准	分　值	评　价		
				自评	组评	师评
示座	动作要领	手势运用正确	20分			
	礼貌用语	使用恰当礼貌用语	10分			
总　分			100分			

拓展练习

1. 想一想

如果几位客人同时入座应如何拉椅示座?

2. 试一试

情景模拟表演:为客人拉椅示座。

3. 操作提示

①注意操作卫生。

②表情要亲切自然。

4. 小链接

①拉椅让座常用礼貌用语:你好、您好、请、请坐。

②国赛拉椅让座标准:先拉第一主宾(主人位右侧第1位)、第二主宾(主人位左侧第1位)、主人位,然后按顺时针方向逐一定位,示意让座;座位中心与餐碟中心对齐,餐椅之间距离均等,餐椅座面边缘距台布下垂部分1 cm;让座手势正确,体现礼貌。该项分值5分。

089

技能篇

项目九

斟 酒

项目描述

　　斟酒服务是宴会服务中的重要一环。该项目涵盖了斟酒的姿势、斟酒的方式方法、斟酒的程序和标准及斟酒量等实训内容,通过实训,使学生能按职业技能大赛"中餐宴会摆台"赛项斟酒操作要求正确规范地斟倒酒水。

实训目标

①了解酒的种类。

②掌握宴会中常见酒水瓶的开启方法。

③掌握斟酒的方式和动作要领。

④熟知中餐宴会服务中斟酒顺序及斟酒量。

⑤熟知斟酒注意事项。

⑥能按照职业技能大赛"宴会斟酒"项目要求规范地斟酒。

实训准备

1.知识准备

①上网查询酒的定义及种类。

②你知道如何为客人斟倒酒水吗?

2.工具准备

餐桌、餐椅、防滑托盘、葡萄酒瓶、干净口布、葡萄酒开瓶器、葡萄酒杯、白酒杯等。

3.劳动组织

4人一组,1人练习,1人辅助,两人评议。

实训要求

①斟酒训练时一定要按规定操作,注意安全,不能把酒杯碰倒。

②斟倒酒水时,要求酒瓶口不能碰到酒杯口。

③训练结束,按"7S"管理整理好实作现场。

训练 1

酒水认知

(1)什么是酒

酒是一种用粮食、水果等含淀粉或糖类的物质经发酵、蒸馏、勾兑等工艺制成的含乙醇的有刺激性的饮料。凡是含有乙醇(也就是酒精)成分的饮料都叫酒,酒水是酒精饮料与非酒精饮料的总称,如图9.1所示。

图 9.1　各种酒水

(2)酒的分类

酒的种类很多,因其生产方法的不同、含酒精量的多少和商业上的习惯,分类方法和标准不一。酒水的分类见表9.1。

表 9.1　酒水的分类

酒水的分类标准	酒水的种类
按商业习惯	白酒、黄酒、药酒、啤酒等
按生产工艺的特征	蒸馏酒、发酵酒、配制酒
按酒精含量的多少	高度酒、低度酒
按酒的香型	酱香型酒、浓香型酒、清香型酒、米香型酒、其他香型酒等

训练 2
宴会中常见酒水瓶的开启方法

　　酒水瓶的封口常见的有皇冠瓶盖、易拉环、软木制成的瓶塞和旋转瓶塞等。常见的开启酒水瓶盖的工具有开塞钻和扳手,如图9.2所示。

图9.2　常见的开瓶器

　　皇冠瓶盖、易拉环、旋转瓶塞这几种都较容易开启。软木瓶塞的开启有一定讲究。宴会中常见的软木瓶塞酒类有葡萄酒、香槟酒,如图9.3所示。

图9.3　常见的红酒瓶开瓶器

(1)葡萄酒开瓶方法

　　①准备好开瓶器,先用小刀将红酒瓶口软木塞上封口锡箔纸切除,如图9.4所示。

　　②切开封红酒瓶口的胶帽时,注意转动手,不要转动瓶子,开瓶时动作要轻,不然会让年份比较久远的酒中沉淀物飘起,影响酒味。锡箔切除后,葡萄酒瓶要用干净的口布擦拭并擦掉瓶口的灰,如图9.5所示。

图 9.4　切锡箔纸

图 9.5　撕瓶口封冒

③将螺丝钻的尖端插入木塞的中间（如果插在边上容易导致木塞断裂或者有木碎片掉进酒里），再以顺时针方向钻入木塞中。注意不要将螺丝钻全部钻进红酒瓶口木塞内，而应留一环，因为钻到底会将软木碎片掉到酒里面，如图 9.6 所示。

④钻进木塞后，将金属支点放在瓶口，一手握着瓶身，一手握起螺丝钻把，往上提，木塞就提出来了，如图 9.7 所示。

图 9.6　螺丝钻插入木塞

图 9.7　取木塞

⑤可使用杆杠式开瓶器的螺旋形铁锥将红酒瓶塞平稳且缓慢地拉起，以避免在开红酒瓶过程中损坏红酒瓶口。当瓶塞快要脱离瓶口时，用手将塞子轻轻拉出，这样就不会发出很大的声响。整个开启红酒瓶步骤如图 9.8 所示。

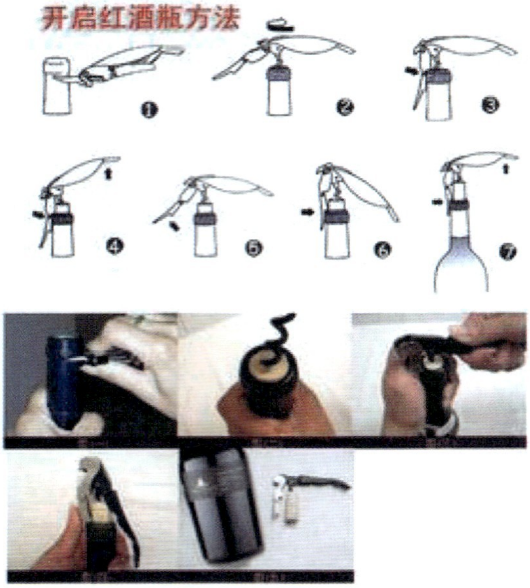

开启红酒瓶方法

图9.8　开启红酒的步骤

（2）香槟酒开瓶方法

①每瓶香槟或是汽酒都有锡箔纸包装包住瓶口，首先撕开瓶口的包装纸，如图9.9所示。

②开瓶时大拇指先按住木塞，左手握住瓶颈下方，瓶口向外倾斜60°（不可对着人），找出铁圈呈圆形的部分，此处为开口。拨开瓶口锡箔纸包装，松开铁圈圆形口。这个铁圈的作用是为了避免木塞弹出，如图9.10所示。

图9.9　香槟酒开瓶方法

图9.10　香槟酒开瓶方法

③左手慢慢旋转瓶身的同时用右手握住瓶塞轻轻向外拔，靠瓶内的压力和手拔的力量将瓶塞取出，如图9.11所示。

④当瓶塞取出的瞬间，右手迅速将瓶塞向右侧揭开。瓶塞取出后保持酒瓶倾斜数

秒,防止酒液溢出。需要注意的是,如瓶内气压不够,瓶塞无力冲出时,可用右手捏紧瓶塞不动,再以握瓶之左手将酒瓶左右旋转,直到瓶塞出来为止。最后,软木塞弹出(拔出)时的声响越小声越好。如图9.12所示。

图9.11　香槟酒开瓶方法

图9.12　香槟酒开启成功

试一试:

用正确的方法练习开启葡萄酒瓶,分组练习,填写开启葡萄酒瓶能力测试表,记录员作好填表情况记录,组长收集、反馈信息,见表9.2。

表9.2　酒水瓶开启能力测试表

开启酒水瓶的方法	你对酒水瓶开启技能掌握情况		改进措施
	是	否	
开瓶前清洁酒瓶			
用正确的方法除去瓶口包装			
瓶口包装去掉后用口布擦拭瓶口			
开启酒瓶的过程中正确使用开瓶器			
酒瓶塞取出后瓶塞完整			
用正确的方法放置瓶塞			
再一次清理瓶口			
整个开瓶过程动作轻、流畅、规范			
开启酒瓶的整个过程动作优美			

训练 3
斟酒的方式、方法及动作要领

（1）斟酒的方式

斟酒是餐厅服务工作的重要内容之一,斟酒操作技术,动作的正确、迅速、优美、规范,往往会给顾客留下美好印象。服务斟酒的基本方式有两种:一种叫桌斟;一种叫捧斟。

1）桌斟

①桌斟指顾客的酒杯放在餐桌上,服务员持瓶向杯中斟酒,如图 9.13 所示。

图 9.13　桌斟

②斟一般酒时,瓶口以离杯口 2 cm 左右为宜,如图 9.14 所示。

图 9.14　瓶口离杯口 2 cm 左右

③斟汽酒或冰镇酒时,两者则以相距5 cm 左右为宜,如图9.15 所示。总之,无论斟哪种酒品,瓶口都不可沾贴杯口,以免有碍卫生或发出声响。

图 9.15　瓶口离杯口 5 cm 左右

2)捧斟

①捧斟指斟酒服务时,服务员站立于顾客右侧身后,如图 9.16 所示。

图 9.16　站立于客人右后侧

②右手握瓶,左手将酒杯捧在手中,如图 9.17 所示。

图 9.17　捧斟

③向杯中斟满酒后,绕向顾客的左侧将装有酒液的酒杯放回原来的杯位,如图 9.18 所示。

图 9.18　斟满酒后将酒杯放回原位

④捧斟方式一般适用于非冰镇酒品,取送酒杯时动作要轻、稳、准、优雅大方。

（2）斟酒的方法

1）托盘端托斟酒

①将客人选定的酒水放于托盘内，左手托盘，右手持酒瓶斟酒，斟酒时注意托盘不可越过宾客的头顶，而应向后自然拉开，注意掌握好托盘的重心，如图 9.19 所示。

图 9.19　托盘端托斟酒

②服务员站在宾客的右后侧，身体微向前倾，右脚伸入两椅之间，侧身而立，身体不要紧贴宾客，如图 9.20 所示。

图 9.20　右脚伸入两椅之间侧身而立

③略弯身,将托盘中的酒水展示在宾客的眼前,让宾客选择自己喜好的酒水,如图9.21所示。

图9.21　客人选酒

④待宾客选定酒水后,服务员直起上身,将托盘移至宾客身后;托盘移动时,左臂要将托盘向外托送,避免托盘碰到宾客,如图9.22所示。

⑤用右手从托盘上取下宾客所需的酒水进行斟酒,斟酒时注意正确的用力姿势,如图9.23所示。

图9.22　托盘移至客人身后

图9.23　斟酒

试一试:托盘斟红酒

①托盘两个,圆桌两张。

②葡萄酒4瓶,葡萄酒杯20个。

③分小组测试,填写托盘斟酒能力测试表,记录员作好填表情况记录,组长收集、反馈信息。托盘斟酒能力测试表见表9.3。

表 9.3 托盘斟酒(红酒)能力测试表

托盘斟酒操作要求	你对托盘斟酒手法掌握情况		改进措施
	是	否	
操作中的仪容仪表符合宴会服务斟酒要求			
站在宾客的右后侧,身体微向前倾,右脚伸入两椅之间,侧身而立			
右手掌自然张开,握住酒瓶的下半部			
上酒前,将托盘中的酒水展示在宾客的眼前			
待宾客选定酒水后,服务员直起上身,将托盘移至宾客身后			
用右手从托盘中取下宾客所需的酒水进行斟酒			
托盘移动时,左臂要将托盘向外托送,避免托盘碰到宾客			
斟酒时,酒瓶口与杯口的距离符合操作要求,斟酒量为 5 分满			
整个斟酒操作过程无滴酒现象			
整个斟酒过程按操作要求完成			

101

2)徒手斟酒

①服务员左手持口布,背于身后,右手持酒瓶的下半部,商标朝外,正对宾客,右脚跨前踏在两椅之间,斟酒在宾客右边进行,如图 9.24 所示。

图 9.24　徒手斟酒

②站在客人的身后右侧,面向客人,左手持一块洁净的口布随时擦拭瓶口,如图 9.25 所示。

图 9.25　清洁瓶口

③右手掌自然张开,握住酒瓶的下半部,拇指朝内,食指指向瓶口,与拇指约呈 60°, 其余三指基本并拢,与拇指配合握紧瓶身,商标朝向客人一方,如图 9.26 所示,右腿伸入 两座椅之间半步,身体微侧。

图 9.26　握瓶姿势

④斟酒时,瓶口对准杯口,一般情况下,瓶口应距离杯口 2 cm 左右,瓶口对准杯中

心,缓缓地将酒水注入酒杯中。斟啤酒或气泡酒时应将酒液沿杯壁注入杯中,如图9.27 所示。

图 9.27　斟酒

试一试:托盘斟白酒

①托盘两个,圆桌两张。

②白酒 4 瓶,白酒杯 20 个。

③分小组测试,填写徒手斟酒能力测试表,记录员作好填表情况记录,组长收集、反馈信息,徒手斟酒(白酒)能力测试表见表9.4。

表9.4　徒手斟酒(白酒)能力测试表

徒手斟酒操作要求	你对徒手斟酒手法掌握情况		改进措施
	是	否	
操作前检查自己仪容仪表是否符合宴会服务斟酒要求			
斟酒时站在客人的身后右侧,面向客人			
右手持酒瓶,左手持一块洁净的口布随时擦拭瓶口			
从主宾位开始,顺时针方向为客人斟倒酒水			
斟倒酒水时,商标朝向客人,在客人右侧服务			

技能篇

续表

徒手斟酒操作要求	你对徒手斟酒手法掌握情况		改进措施
	是	否	
斟倒酒水时,瓶口应距离杯口 2 cm 左右,瓶口对准杯中心,缓缓地将酒水注入酒杯中			
斟酒量控制到 8 分满			
整个斟酒过程按操作要求完成			
整个操作过程无滴酒现象			

训练 4

斟酒的顺序及斟倒量

(1)斟酒的顺序

①一般情况下,斟酒是从主宾开始,按顺时针方向绕台依次进行,如图 9.28 所示。

图 9.28 斟酒时从主宾开始

②中餐宴会斟酒的顺序:一般是从主宾开始,主宾在先,主人在后,女士在前,男士在后。两名服务员一同为客人斟酒时,一个从主宾开始,另一个可以从副主宾开始,然后依座次按顺时针为客人斟上酒水或饮料。

③西餐宴会斟酒顺序:一般情况下是先女主宾后男主宾,接着是主人,然后按座次斟酒。

（2）斟酒的具体步骤

①开餐前，备齐各种酒水饮料，领取酒水，擦拭干净，同时检查酒水质量，如发现瓶子有破裂或有沉淀物等应及时调换，如图9.29所示。

图9.29　备酒

②示酒。在酒水开封前，一定要请顾客确认所点酒水，在确认无误后方可开瓶，然后进行酒水斟倒服务。方法是：服务员站立在点酒宾客的右侧，左手持一块折叠好的口布托瓶底，右手扶瓶颈，将酒的商标朝向宾客，请宾客确认酒水商标、品名。这样做一可以避免出差错；二表示对宾客的尊重；三又可以促进销售。如图9.30所示。

图9.30　示酒

③开瓶。根据酒水选用正确的开瓶器和开瓶方法，开启酒水瓶后要用干净的口布擦拭瓶口，再次检查酒水质量，如图9.31所示。

图 9.31　开瓶

④斟酒。选用合适的斟酒方法斟倒酒水。斟酒过程中要求做到轻拿轻放、手法卫生、动作优雅,仪态大方,如图 9.32 所示。

图 9.32　斟酒

⑤控制好斟酒量,按国赛斟酒标准,斟酒时采用托盘斟酒的方式(须将所有需斟倒的酒水一次置于托盘中)。斟倒酒水的量:白酒 8 分满,红葡萄酒 5 分满,如图 9.33 所示。

图 9.33　酒水斟倒量

能力测评

　　分小组展示,组长组织填写斟酒综合能力考核表,见表9.5。记录员作好填表情况记录,组长收集、反馈信息。

　　①托盘两个,圆桌两张。

　　②红葡萄酒 4 瓶,白酒 4 瓶,饮料 4 瓶。红葡萄酒杯 10 个,白酒杯 10 个,饮料杯10 个。

表9.5　斟酒综合能力测试表

项　　目	考核标准	分值	评　价		
			自评	组评	师评
仪容仪表	符合酒店要求	5 分			
斟酒前的准备工作	斟酒前,备齐各种酒水饮料,领取酒水,擦拭干净,同时检查酒水质量	10 分			
示酒	服务员站立在点酒宾客的右侧,左手持一块折叠好的口布托瓶底,右手扶瓶颈,将酒的商标朝向宾客,请宾客确认酒水商标、品名	10 分			
开瓶	根据酒水选用正确的开瓶器和开瓶方法,开启酒水瓶后要用干净的口布擦拭瓶口,再次检查酒水质量	15 分			
斟酒	站在客人的身后右侧,面向客人,从主宾位开始,顺时针先为邻近的 5 位客人斟倒白酒后,再斟倒红酒。斟倒酒水时,左手持一块洁净的口布随时擦拭瓶口,右手掌自然张开,握住酒瓶的下半部位,拇指	35 分			

技能篇

续表

项　目	考核标准	分值	评　价		
			自评	组评	师评
斟酒	朝内,食指指向瓶口,与拇指约呈60°,其余3指基本并拢,与拇指配合握紧瓶身,商标朝向客人一方,右腿伸入两客座椅之间,身体微侧。待宾客选定后,服务员直立,将托盘移至宾客身后;托盘移动时,左臂要将托盘向外托送,避免托盘碰到宾客。斟酒时,瓶口对准杯口,斟倒一般酒水时,瓶口应距离杯口2 cm左右,瓶口对准杯中心,缓缓地将酒水注入酒杯中				
斟酒量	白酒8分满,红葡萄酒5分满。饮料8分满	15分			
斟酒过程要求	整个斟酒过程,不滴不洒、不少不溢。轻拿轻放、手法卫生、动作优雅,仪态大方	10分			
	总　分	100分			

拓展练习

1. 想一想

①根据宴会主题如何选择酒水?

②酒水的斟倒方法有哪几种?

③斟酒的顺序和步骤有哪些?

④列举不同酒水的斟酒量。

2. 试一试

①斟倒白兰地

②斟倒香槟酒

3. 操作提示

①按照斟酒操作流程进行,白兰地酒斟入杯中为一个斟倒量(即将酒杯斟入酒后横放时,杯中酒液与杯口齐平);斟酒过程中动作一定要轻。

②香槟酒应分两次斟,第一次斟1/3,待泡沫平息后,再斟至酒杯的2/3处。斟酒过程中一定要做到轻拿轻放、手法卫生、动作优雅,仪态大方。

4. 小链接

1)小知识

①斟酒时正确的用力应是:右侧大臂与身体呈90°,小臂弯曲呈45°,双臂以肩为轴,小臂用力运用手腕的活动将酒斟至杯中。腕力用得好,斟酒时握瓶及倾倒的角度的控制

就感到自如;腕力用得巧,斟酒时酒液流出的量就准确。

②正确的持瓶姿势应是:叉开大拇指,其余四指并拢,掌心贴于瓶身中部酒瓶商标的另一方,四指用力均匀,使酒瓶握稳在手中。采用这种持瓶方法,可避免手晃动,防止酒水随手晃动。斟酒与上菜不同,上菜在左,但斟酒在右,酒只需斟至酒杯容量的2/3即可。大多数宴会上只用一种酒。中式宴会从开始上冷盘即开始饮酒。西餐波尔图酒随奶酪或甜食一起上桌,酒瓶置于男主人面前,酒杯或可与酒同时上桌,或可在布置餐时预先摆好。男主人坐在自己的椅子上,先为右侧客人斟酒,然后自己斟一杯,再把酒瓶按顺时针方向递给左侧客人各自斟酒。

③日本斟酒时的礼仪。在日本参加宴会或与朋友,客户聚会时,通过斟酒进行寒暄是常见的方式。此外,在亲睦会、迎新会、送别会、忘年会、新年会等场合,菜过五味后想与坐得较远的人进行交流时也常以斟酒作为引子。在斟酒或接受斟酒时,应注意一些常见的礼仪,以免适得其反。

2)斟酒的注意事项

①无论采取何种斟倒酒水的方法,都要掌握分寸,动作应正确优美,斟酒时不能讲话,以免唾沫飞溅,影响客人就餐氛围。一切有损于礼貌、雅观、卫生的做法都要摒弃。

②斟酒要适量。斟酒过程中要控制酒水出瓶速度,酒量越少,流速越快,因此要掌握好酒瓶的倾斜度。

③斟酒时一定要做到一视同仁,不要厚此薄彼。为客人斟酒时酒瓶下应衬垫一块餐巾或纸巾,以防斟倒时酒液滴出;如使用冰桶冰镇的酒水,应以一块折叠的餐巾护住瓶身,防止酒水外溢,污染台布或宾客衣物;如使用托盘斟酒,托盘移动时,左臂要将托盘向外托送,避免托盘碰到宾客。

④斟酒时要注意顺序。在斟酒过程中,如因操作不慎而将宾客酒杯碰翻时,应立即向宾客表示歉意,并迅速作出相应处理:迅速将酒杯扶起,检查有无破损,如有破损要立即更换新杯;如无破损,应将酒杯放还原处,重新斟上酒水,并用餐巾或餐巾纸帮助客人清洁,整理台面。如是客人自己不慎将酒杯碰破、碰倒,服务员也应该这样做。

⑤至于握瓶的方法和姿势,各国各地区之间不尽相同。如西欧各国主张手掌握在酒标上,而我国则习惯于手握酒标的另一方向,使酒标朝向宾客。

3)国赛斟酒标准

斟酒时采用托盘斟酒的方式(须将所有需斟倒的酒水,一次置于托盘中),从主宾位开始,顺时针先为邻近的5位客人斟倒白酒后,再斟倒红酒。斟倒酒水时,酒标朝向客人,在客人右侧服务。斟倒酒水的量:白酒8分满,红葡萄酒5分满。分值4分。

项目十
综合实训

项目描述

　　该项目是对中餐宴会摆台各项技能的综合训练,职业技能大赛"中餐宴会摆台"赛项规程要求,现场操作完成时间为 16 min,分值为 70 分,主要考查选手的熟练性、规范性、实用性、观赏性。通过训练提高操作速度和技巧,具备中餐宴会摆台技能综合运用能力。

实训目标

　　①熟练掌握中餐宴会摆台的流程及标准。

　　②能按照职业技能大赛"中餐宴会摆台"规程标准规范操作,并能体现操作的熟练性、规范性、实用性和观赏性。

实训准备

1. 知识准备

查询职业技能大赛"中餐宴会摆台"赛项的规程标准。

2. 工具准备

①中餐圆形餐台(高度为 75 cm、直径 180 cm)。

②餐椅。

③工作台。

④防滑托盘。

⑤装饰布、台布。

⑥餐巾及折叠餐巾花专用大盘、净手巾。

⑦10 人位餐饮用具、公共用具、花瓶(花盆、花插)、菜单及桌号牌。

3. 劳动组织

4 人一组,组长 1 人,记录员 1 人。

实训要求

①严格按照全国职业院校技能大赛中职组酒店服务赛项"中餐宴会摆台"分赛项中

操作标准进行训练。

②注意操作的规范性和观赏性。

③注意操作卫生,餐巾花折叠须用专用托盘,并注意操作手法的规范和卫生;用尽量少的手指拿取餐具,手指不能伸进餐、酒具中,不触及杯口及杯的上部。

④在 16 min 内完成中餐宴会摆台全套程序。

⑤训练结束,按"7S"管理整理实作现场。

实训内容

训练 1

中餐宴会摆台前的准备工作

(1)中餐宴会摆台的基本要求及标准

餐具图案对正,距离均匀、整齐、美观、清洁大方,为宾客提供一个舒适的就餐位置和一套必需的就餐餐具。

(2)中餐宴会摆台物品

①中餐圆形餐台(高度为 75 cm、直径 180 cm)。

②餐椅。

③餐用具:装饰布、台布、10 人位的餐饮用具、餐巾、公共用具、花瓶、菜单及桌号牌。

训练 2

中餐宴会摆台流程及标准

(1)中餐宴会摆台流程及标准

①铺装饰布、台布。拉开主人位餐椅,在主人位铺装饰布、台布;装饰布平铺在台布下面,正面朝上,台面平整,下垂均等;台布正面朝上;定位准确,中心线凸缝向上,且对准正副主人位;台面平整;十字居中,台布四周下垂均等。

②餐碟定位。从主人位开始一次性定位摆放餐碟,餐碟边沿距桌边 1.5 cm;每个餐碟之间的间隔要相等;相对的餐碟与餐桌中心点三点成一直线;操作要轻松、规范、手法卫生。

③摆放汤碗、汤勺(瓷更)和味碟。汤碗摆放在餐碟左上方 1 cm 处,味碟摆放在餐碟

右上方,汤勺放置于汤碗中,勺把朝左,与餐碟平行。汤碗与味碟之间距离的中点对准餐碟的中点,汤碗与味碟、餐碟间相距 1 cm。

④摆放筷架、银更(长柄勺)、筷子、牙签。筷架摆在餐碟右边,其中点与汤碗、味碟中点在一条直线上;银更、筷子搁摆在筷架上,筷尾的右下角距桌沿 1.5 cm;牙签位于银更和筷子之间,牙签套正面朝上,底部与银更齐平;筷套正面朝上;筷架距离味碟 1 cm。

⑤摆放葡萄酒杯、白酒杯、水杯。葡萄酒杯摆放在餐碟正上方(汤碗与味碟之间距离的中点线上);白酒杯摆在葡萄酒杯的右侧,水杯位于葡萄酒杯左侧,杯肚间隔 1 cm,三杯杯底中点连线成一直线,该直线与相对两个餐碟的中点连线垂直;水杯待餐巾花折好后一起摆上桌,杯花底部应整齐、美观,落杯不超过 2/3 处,水杯肚距离汤碗边 1 cm;摆杯手法正确(手拿杯柄或中下部)、卫生。

⑥摆放公用餐具。公用筷架摆放在主人和副主人餐位正上方,距水杯肚 3 cm,公勺、公筷置于公用筷架之上,勺柄、筷子尾端朝右。如折的是杯花,可先摆放杯花,再摆放公用餐具。

⑦折餐巾花。折 6 种以上不同餐巾花,每种餐巾花 3 种以上技法;花型突出正、副主人位;有头尾的动物造型应头朝右,主人位除外;巾花观赏面向客人,主人位除外;巾花挺拔、造型美观、款式新颖;操作手法卫生,不用口咬、下巴按、筷子穿;手不触及杯口及杯的上部。如折的是杯花,水杯待餐巾花折好后一起摆上桌。

⑧上花瓶、菜单(两个)和桌号牌。花瓶摆在台面正中,造型精美;菜单摆放在正、副主人的筷子架右侧,位置一致,菜单右尾端距离桌边 1.5 cm;桌号牌摆放在花瓶正前方,面对副主人位。

⑨拉椅让座。先拉第一主宾(主人位右侧第 1 位)、第二主宾(主人位左侧第 1 位)、主人位,然后按顺时针方向逐一定位,示意让座;座位中心与餐碟中心对齐,餐椅之间距离均等,餐椅座面边缘距台布下垂部分 1 cm;让座手势正确,体现礼貌。

(2)中餐宴会摆台比赛要求

①按中餐正式宴会摆台。

②操作时间 16 min(比赛结束前 3 min 组长两遍提醒选手"离比赛结束还有 3 min";提前完成不加分,每超过 30 s,扣总分 2 分,不足 30 s 按 30 s 计算,以此类推;超时 2 min 不予继续比赛。

③选手必须提前进入比赛场地,在指定区域按组别向裁判进行仪容仪表展示,时间 1 min。

④裁判员统一口令"开始准备"进行准备,准备时间 3 min。准备就绪后,选手站在工作台前、主人位后侧,举手示意。

⑤选手在裁判员宣布"比赛开始"后开始操作。

⑥比赛开始时,选手站在主人位后侧。比赛中所有操作必须按顺时针方向进行。

⑦所有操作结束后,选手应回到工作台前,举手示意"比赛完毕"。

⑧除台布、装饰布、花瓶和桌号牌可徒手操作外,其他物品均须使用托盘操作。

⑨餐巾准备无任何折痕;餐巾折花花型不限,但须突出正、副主人位花型,整体挺括、和谐、美观。

⑩比赛中允许使用托盘垫。

⑪在拉椅让座之前(铺装饰布、台布时除外),餐椅保持"三三二二"对称摆放,椅面1/2塞进桌面。铺装饰布、台布时,可拉开主人位餐椅。

⑫物品落地每件扣 3 分,物品碰倒每件扣 2 分,物品遗漏每件扣 1 分。逆时针操作扣1 分/次。

训练 3
中餐宴会摆台分组练习

(1)教师示范
老师展示并讲解中餐宴会摆台流程及要求。

(2)分组练习
分组练习,每 4 人为一组,每小组负责摆一张台面,组长负责物品的准备和清理;记录员负责计时(能否在 16 min 内完成)和记录在操作时出现的错误和误差,其他同学认真观察并协助摆台的同学调整摆台效果。

操作小提示:

①每个骨碟定位要均匀、准确,花瓶与相对的两个餐位三点成一线。

②每件餐具要按标准摆放。

③操作时要轻拿轻放,防止餐具掉地上或打烂餐具。

④注意手法卫生:手指不能触及餐具的进食部分,如碗口、杯口、勺口等。

⑤注意托盘托送的姿势正确,托送灵活、自如。

(3)教师指导
在学生摆台过程中巡视并及时指出存在的问题,对已摆好的台面进行检验、点评:

①餐具定位是否均匀并达到标准。

②摆放程序是否有错误。

③摆台动作是否规范。

能力测评

分小组展示,组长组织填写中餐宴会摆台技能考核表,见表10.1。记录员作好填表情况记录,组长收集、反馈信息。

表 10.1 中餐宴会摆台技能考核表

项　目	操作程序及标准	分值	评　价		
			自评	组评	师评
台布及装饰布（7分）	可采用抖铺式、推拉式或撒网式铺设装饰布、台布，要求一次完成，两次扣0.5分，三次及以上不得分	2分			
	拉开主人位餐椅，在主人位铺装饰布、台布	1分			
	装饰布平铺在台布下面，正面朝上，台面平整，下垂均等	2分			
	台布正面朝上；定位准确，中心线凸缝向上，且对准正、副主人位；台面平整；十字居中，台布四周下垂均等	2分			
餐碟定位（10分）	从主人位开始一次性定位摆放餐碟，餐碟间距离均等，与相对餐碟和餐桌中心点三点一线	6分			
	餐碟边距桌沿1.5 cm	2分			
	拿碟手法正确（手拿餐碟边缘部分）、卫生、无碰撞	2分			
汤碗、汤勺、味碟（5分）	汤碗摆放在餐碟左上方1 cm处，味碟摆放在餐碟右上方，汤勺放置于汤碗中，勺把朝左，与餐碟平行	3分			
	汤碗与味碟之间距离的中点对准餐碟的中点，汤碗与味碟、餐碟间相距均为1 cm	2分			
筷架、银更、筷子、牙签（5分）	筷架摆在餐碟右边，其中点与汤碗、味碟在一条直线上	1分			
	银更、筷子搁摆在筷架上，筷尾的右下角距桌沿1.5 cm	2分			
	筷套正面朝上	1分			
	牙签位于银更和筷子之间，牙签套正面朝上，底部与银更齐平	1分			
葡萄酒杯、白酒杯、水杯（8分）	葡萄酒杯在餐碟正上方（汤碗与味碟之间距离的中点线上）	2分			
	白酒杯摆在葡萄酒杯的右侧，水杯位于葡萄酒杯左侧，杯肚间隔1 cm，三杯杯底中点与水平成一直线。水杯待餐巾花折好后一起摆上桌，杯花底部应整齐、美观，落杯不超过2/3	4分			
	摆杯手法正确（手拿杯柄或中下部）、卫生	2分			
公用餐具（2分）	公用筷架摆放在主人和副主人餐位正上方，距水杯肚3 cm。如折的是杯花，可先摆放杯花，再摆放公用餐具	1分			
	先勺后筷顺序将公勺、公筷搁摆于公用筷架之上，勺柄、筷子尾端朝右	1分			
餐巾折花（16分）	花型突出正、副主人位，整体协调	1分			
	有头、尾的动物造型应头朝右（主人位除外）	1分			
	巾花观赏面向客人（主人位除外）	1分			
	巾花种类丰富、款式新颖	4分			
	巾花挺拔、造型美观、花型逼真	3分			
	操作手法卫生，不用口咬、下巴按、筷子穿	1分			

项　目	操作程序及标准	分值	评　价		
			自评	组评	师评
餐巾折花（16分）	折叠手法正确、一次性成型。如折的是杯花,巾花折好后放于水杯中一起摆上桌	4分			
	手不触及杯口及杯的上部	1分			
菜单、花瓶和桌号牌（3分）	花瓶摆在台面正中	1分			
	菜单摆放在正、副主人的筷子架右侧,位置一致,菜单右尾端距离桌边1.5 cm	1分			
	桌号牌摆放在花瓶正前方、面对副主人位	1分			
拉椅让座（4分）	拉椅:从主宾位开始,座位中心与餐碟中心对齐,餐椅之间距离均等,餐椅座面边缘距台布下垂部分1 cm	2分			
	让座:手势正确,体现礼貌	2分			
托盘（2分）	用左手胸前托法将托盘托起,托盘位置高于选手腰部,姿势正确	1分			
	托送自如、灵活	1分			
综合印象（8分）	台面摆台整体美观、便于使用、具有艺术美感	3分			
	操作过程中动作规范、娴熟、敏捷、声轻,姿态优美,能体现岗位气质	5分			
合　计		70分			
操作时间:　　分　　秒　　　　　超时:　　秒　　　　扣分:　　分					
物品落地、物品碰倒、物品遗漏　　件　　　　　　扣分:　　分					
实际得分					

信息反馈见表10.2。

表10.2　学生实训信息反馈表

训练项目	能否完成	评价结果	存在的问题	需要得到的帮助

各小组记录员填表,组长收集、反馈信息。

拓展练习

1. 比一比

用托盘进行有效、快捷地装盘。

用最少的时间折最多的花，看谁折得又快又好。

2. 试一试

主题宴会餐台设计，如寿宴、婚宴。

3. 小链接

中餐宴会摆台流程如图 10.1 所示。

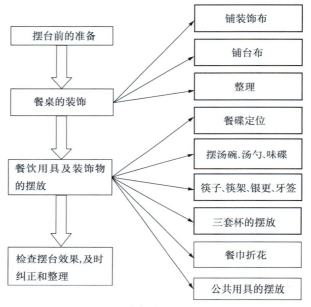

图 10.1　中餐宴会摆台流程图

试题篇

中餐宴会摆台试题篇涵盖了专业理论和专业英语口语参考试题,专业理论试题题型有:客观题、简答题、应变题,英语口语试题题型有:中译英、英译中、情境对话等。

专业理论和专业英语口试:采用考官与选手问答的形式。每位选手考试时间约为 6 min,专业理论和专业英语各 3 min。选手按抽签序号依次参赛。

专业理论测试(口试):主要考查选手的专业理论基础知识、综合分析及服务应对能力。每位选手需回答专业理论 6 道题,其中客观题、简答题、应变题各两题。

专业英语测试(口试):主要考查选手对客服务英语口语的表达能力,每位选手需回答 6 道题,其中中译英、英译中、情景对话各两题。

一、中餐宴会摆台技能大赛(中职组)专业理论测试参考题

该部分分为中职组试题和行业试题,中职组试题题型包括客观题、判断题、简答题、应变题,行业试题题型包括判断题、单选题和多选题。

(一)中职组试题

客观题(填空题):

1. 绿色旅游饭店是指以可持续发展为理念,坚持清洁生产、倡导绿色消费,_____的饭店。

2. _____是负责全国星评工作的最高机构。

3. 饭店星级评定遵循_____的原则。

4. 星级复核分为年度复核和_____的评定性复核。

5. 饭店星评员分为:国家级星评员、地方级星评员(含省级和地市级)和_____。

6. 餐厅按经营方式分类可分为独立经营、连锁经营、_____。

7. 根据《旅游饭店星级的划分与评定释义》的要求,商务会议型饭店大宴会厅或多功能厅的净高度不低于_____ m。

8. 餐厅结账方式主要有现金结账、签单结账、_____、支票结账等。

9. 斟酒的基本方法有两种:一种是托盘斟酒,一种是_____。

10. 托盘操作按其所承载的重量分为_____两种。

11. 中餐宴会中斟酒的顺序是_____、烈性酒、啤酒或软饮料。

12. 中餐分菜方法主要有餐位分菜法、转台分菜法、_____和厨房分菜法4种。

13. 中餐宴会上菜,严禁服务员在_____的位置上菜,否则会被视为不礼貌。

14. 中国菜可分为_____、少数民族菜、宫廷菜、官府菜、素菜。

15. 中餐厅是提供中式菜点、饮料和服务的餐厅,在设计装潢、布置上应突出中国民族风格和地方特色,在_____、上菜程序等方面反映中华民族的饮食文化传统。

16. 我国的四大菜系是指川菜、鲁菜、苏菜和_____。

17. 素菜主要由_____、市肆素菜、民间家常素菜三部分组成。

18. 官府菜主要包括孔府菜、_____、随园菜和红楼菜。

19. 广东菜是由广州菜、_____和东江菜构成。

20. 目前我国面点可分为"京式""广式""_____"三大流派。

21. _____是中式菜肴成败的关键因素之一,能使菜肴达到嫩而不生、熟而不老、烂而不化的质量要求。

22. 宫保鸡丁是_____的代表菜之一。

23. 佛跳墙是_____的代表菜之一。

24. 龙井虾仁是_____的代表菜之一。

25. 川菜有_____的声誉,名菜有回锅肉、麻婆豆腐等。

26. 京菜由山东风味、民族风味、_____组成,名菜有北京烤鸭、酱爆鸡丁等。

27. 服务员给客人斟倒礼貌茶应以_____为宜。

28. 在餐厅的吸烟区,如烟灰缸内有_____时,应马上撤换烟灰缸。

29. 餐厅服务人员需要了解_____,才能在为顾客点菜时有针对性地推荐,而不致耽误客人的时间及供应热度不够的菜肴。

30. 迎送宾客时应与客人保持_____m左右的距离,步速与客人保持一致。

31. 餐厅接待会议团体客人时,服务员要提前_____min上冷菜,注意卫生及荤素、色彩搭配。

32. 在西餐服务中,英式服务是一种非正式的服务方式,又称_____。

33. 咖啡厅是饭店营业时间最长的餐厅,一般采用_____服务。

34. 西餐上菜顺序是_____、汤、沙拉(沙律或色拉)、主菜、甜点、咖啡或红茶。

35. 西餐进餐,餐具按顺序_____依次取用,左手使叉,右手使刀或匙。

36. 扒房采用_____服务为主。

37. 西餐宴会开餐前30 min,将水杯斟倒_____的冰水。

38. 酒的品质鉴定主要有两种方法:_____和理化鉴定。

39. 客人用餐过程中,当其杯中的酒水少于____时,应及时添加。

40. 中式宴会中寿宴菜单字体可选用古朴的隶书或_____。

41. 根据《旅游饭店星级的划分与评定释义》的要求,休闲度假型饭店风味餐厅数量不少于_____个。

42. 我国旅游饭店的餐饮收入一般占饭店总收入的_____。

43. 美式宴会服务上海鲜或鱼后,应请示客人是否需要跟_____。

44. 山西汾酒是_____白酒的代表,其口味醇厚、绵软、爽口、酒味纯净。

45. 按进餐形式划分,宴会可分为中西餐宴会、_____、鸡尾酒会和茶话会等。

46. 西餐宴会服务中,_____宴会服务的派菜一般由两名服务员操作。

47. 西餐宴会上主菜前,服务员应先斟好_____。

48. 乌龙茶类是介于红茶与绿茶之间,属于半发酵茶,有"_____"的独到之处。

49. 夏天宴会厅的温度控制在_____,未开空调时,应将窗户打开通风或换气。

50. _____是世界上消费量最大的酒品之一,主要产地有牙买加、古巴、海地等国家。

51. 中国第一名酒是茅台酒,其香型是_____,产地是贵州省仁怀县茅台镇酒厂。

52. 按酒的酿造方法分,可分为蒸馏酒、_____、配制酒。

53. 鸡尾酒的调制方法除摇和法以及调和法外,还有漂浮法、兑和法和_____。

54. 具有橡木的芳香味和烟熏味的是_____威士忌。

55. 如果清洁银器,可先将银器放入药液中浸泡_____ min,重污可浸泡 50~60 min。

56. 银器的清洁程序通常分为冲洗、配药、浸泡、二次冲洗、_____。

57. 宴会前的检查工作主要包括对台面餐饮用具的检查、卫生检查、安全检查及_____。

58. 中西餐宴会的餐具摆放一般应从_____开始,按顺时针方向进行。

59. 门把手菜单一般适用于_____。

60. _____已成为竞争的重要内容,自毁企业形象,无疑将失去顾客。

61. 国家标准《旅游饭店星级的划分与评定》(GB/T 14308—2010)于_____正式实施。

62. 旅游饭店星级标志由_____图案构成。

63. 《旅游饭店星级的划分与评定》(GB/T 14308—2010)规定,四星级和五星级(含白金五星级)饭店是完全服务饭店,评定星级时应对_____进行全面评价。

64. 有限服务饭店关注_____的性价比。

65. 热情、快速、准确、温馨、具有_____是酒吧服务的基本要求。

66. 必备项目作为饭店进入不同星级的基本准入条件,具有严肃性和不可缺失性,每条必备项目均具有"_____"的效力。

67.《旅游饭店星级的划分与评定》（GB/T 14308—2010）要求,当宾客步入餐厅就座后,服务员应在_____ min 之内前来接待宾客,为宾客点菜。

68.《旅游饭店星级的划分与评定》（GB/T 14308—2010）要求,当宾客点菜后,宾客所点的第一道菜点应不超过_____ min 服务到桌。

69.《旅游饭店星级的划分与评定》（GB/T 14308—2010）要求,宾客就餐离开餐桌后,服务员应在_____ min 内完成清桌,并做到重新摆台。

70.《旅游饭店星级的划分与评定》（GB/T 14308—2010）要求,五星级饭店要求应有_____宴会单间或小宴会厅,提供宴会服务,效果良好。

71.国家制订的食品卫生标准有感官指标、_____、理化指标。

72.服务质量控制要具备的基本条件是_____、收集质量信息、重视员工的培训等。

73.旅游饭店星级评定对饭店标志牌的基本要求是醒目、_____、准确、安全、美观。

74.人力资源的合理利用包括制订劳动定额、_____、合理排班等。

75.旅游饭店星级评定检查的项目分为必备项目、设施设备、_____等。

76.饭店节能减排遵循的"4R"原则内涵是_____、再循环（Recycle）、再使用（Reuse）、替代（Replace）。

77.对饭店员工着装的基本要求是合身、合意、合时、_____。

78.员工的行走要求是_____,_____,_____,_____。

79.中餐上菜应掌握的原则是:先冷后热、_____、先咸后甜、先炒后烧、_____、先优质后一般。

80.上鸭、鱼菜时,_____,鱼腹可向主人,鸡不献头,鸭不献掌,_____。

81.餐巾花的基本技法有折叠、_____卷（平行卷,斜角卷）翻、_____、_____穿。

82.宴会的台形布置按照_____、先右后左、_____原则进行。

83.人示酒展示酒的商标的目的是,_____、_____、_____。

84.服务的五声服务是_____、顾客询问有"答声"、顾客帮忙有"谢声"、_____、顾客离去有"送声"。

85.我国的十大名茶是_____、洞庭碧螺春、庐山云雾、黄山毛峰、_____、信阳毛尖、_____、祁门红茶、武夷岩茶、_____。

86.冰镇的方法有_____和_____两种。

87.放____时,酒瓶要标签朝上平放,让软木塞被酒液浸润膨胀,隔绝空气,以达到防腐的目的。

88.名酒中唯一为"干型"的是_____。

89.买运回的酒要有一个醒酒期_____,让酒"冷静"后再售给宾客,饮用效果更佳。

90._____喜欢饮绿茶、花茶。

91.食物不仅可以满足宾客最基本的_____,还可以从其色、香、味、形、_____、_____、_____上使宾客得到感官上的享受。

92.服务质量优劣在很大程度上取决于员工的_____,而这种表演又很容易受到员工_____和_____的影响,具有很大的_____性。

93.要注意_____和_____搭配,保持冷盘_____,应能给客人赏心悦目的艺术享受,并为宴会增添隆重而欢快的气氛。

94.西餐宴会的席位安排也应遵循_____的原则。

95.如果客人是立饮,则应先给客人上_____,然后再上_____。

96.常见的咖啡有_____和_____两种。

97.鸡尾酒签主要作用是_____。

98.点酒单一式三联,一联_____,其余两联及时分送_____和_____。

99.西餐色拉分为_____、_____、_____三大类。

100.西餐摆台时,左叉右刀,叉齿_____,_____朝盘。

101.西餐餐前一般选用具有开胃功能的饮品有_____、_____。

102.开香槟酒时应将酒瓶呈_____斜握,开瓶时要转动_____而不是直接扭转木塞。

103.中餐宴会三套杯中,_____起定位的作用。

判断题:

1.《旅游饭店星级的划分与评定》(GB/T 14308—2010)规定,四星级饭店应有标准间(大床房、双床房),有两种以上规格的套房(包括至少3个开间的豪华套房),套房布局合理。 （　　）

2.《旅游饭店星级的划分与评定》(GB/T 14308—2010)规定,五星级饭店应有标准间(大床房、双床房),残疾人客房,两种以上规格的套房(包括至少4个开间的豪华套房),套房布局合理。 （　　）

3.被取消星级的饭店,自取消星级之日起一年后,不可重新申请星级评定。 （　　）

4.饭店开业一年后可申请评定星级,经相应星级评定机构评定批复后,星级标识使用有效期为两年。两年期满后应进行重新评定。 （　　）

5．一星级、二星级、三星级饭店是有限服务型饭店,评定星级时应注重对饭店产品进行全面评价。　　　　　　　　　　　　　　　　　　　　　　　　　　（　　）

6．各级旅游星级饭店评定委员会对一、二、三星级饭店的评定检查工作应在 36 h 内完成。　　　　　　　　　　　　　　　　　　　　　　　　　　　　　　　（　　）

7．麦当劳的经营模式属于独立经营。　　　　　　　　　　　　　　　　　　（　　）

8．热毛巾箱、电饭锅、微波炉、空调等电器使用后一定要切断电源,电器设备周围严禁堆放易燃易爆物品。　　　　　　　　　　　　　　　　　　　　　　　　（　　）

9．餐厅是指向客人提供食物、饮料及休闲设施,使客人补充体力、恢复精神的公共就餐场所。　　　　　　　　　　　　　　　　　　　　　　　　　　　　　　（　　）

10．在使用托盘服务时,不能把托盘放在客人的餐桌上。　　　　　　　　　（　　）

11．零点餐厅是指宾客随点随吃,自行付款的餐厅,一般设置散桌,并接受预约订餐。
　　　　　　　　　　　　　　　　　　　　　　　　　　　　　　　　　（　　）

12．摆放餐巾花时除主人位外,一般要将观赏面背向客人席位。　　　　　　（　　）

13．大、中圆形托盘常用于传菜、托送酒水和盘碟等较重物品。　　　　　　（　　）

14．示酒,是斟酒服务的第一个程序,它标志着服务操作的开始。　　　　　（　　）

15．上菜顺序各地不尽相同,原则上根据地方习惯安排上菜顺序。　　　　　（　　）

16．啤酒、香槟酒、白葡萄酒在饮用前需要进行冰镇处理。　　　　　　　　（　　）

17．上菜时中国传统的礼貌习惯是"鸡不献头,鸭不献掌,鱼不献脊"。　　（　　）

18．分菜时,服务员要做到心中有数,给每位客人的菜肴要做到等质等量。　（　　）

19．中餐酒水一般斟至八分满,红葡萄酒斟至 1/2,白葡萄酒斟至 2/3,香槟酒斟至 2/3。
　　　　　　　　　　　　　　　　　　　　　　　　　　　　　　　　　（　　）

20．服务员应站在客人左侧给客人上茶。　　　　　　　　　　　　　　　　（　　）

21．服务员应视客人用餐人数多少进行餐位的增减。　　　　　　　　　　　（　　）

22．服务员介绍菜肴时应根据客人的喜好及餐厅特色有针对性地介绍,并注意语言技巧和客人的饮食禁忌。　　　　　　　　　　　　　　　　　　　　　　　　（　　）

23．传菜员在厨师做好菜肴准备送至餐厅时,划单员应将贴在白板上的同一台号的点菜单上相应菜肴用笔画去,以示此台号的某道菜将马上送至客人所点菜的餐台。
　　　　　　　　　　　　　　　　　　　　　　　　　　　　　　　　　（　　）

24．接受电话订餐时,务必要提醒客人餐厅留座时间。　　　　　　　　　　（　　）

25．服务员应尊重客人的饮茶习惯,先向客人问茶,然后按需开茶。　　　　（　　）

26．客人用餐完毕起身离座时,服务员应帮助客人拉椅、提醒客人带上自己的物品并向客人道谢。　　　　　　　　　　　　　　　　　　　　　　　　　　　　（　　）

27．团体餐要等客人到齐后再上菜,一般不能提前上菜上饭,要注意做好对先入座客人的解释工作。　　　　　　　　　　　　　　　　　　　　　　　　　　　（　　）

28．为客人分汤,要求每碗均匀,从宾客的右侧送上,分完了要告知客人。　（　　）

29. 九转大肠是鲁菜的代表菜,蟹粉狮子头是苏菜的代表菜,东江盐焗鸡是川菜的代表菜。 （　　）

30. 鲁菜的风味特点是鲜咸为本,葱香调味,注重用汤,清鲜脆嫩。 （　　）

31. 川菜的风味特点是清鲜醇浓、麻辣辛香。 （　　）

32. 中式菜肴以选料严谨、制作精细、风味多变而享誉世界。 （　　）

33. 客人要求退菜,如果是菜肴质量问题,应无条件地退菜。 （　　）

34. 传菜员应迅速将菜传至餐厅,可直接上菜。 （　　）

35. 全国旅游星级饭店评定委员会保留对一星级到四星级饭店评定结果的否决权。 （　　）

36. 粤菜的风味特点是选料广,用料杂,变化多,有浓厚的地方风味,菜肴突出鲜、爽、嫩、滑、香五滋六味俱全。 （　　）

37. 苏菜的风味特点是清鲜平和、甜咸适中、浓而不腻、烂而不糊、原汁原味原色。 （　　）

38. 扒房是饭店为体现餐饮菜肴和服务特色与水准而开设的装饰华丽、高雅浪漫、菜肴和服务一流、用餐价位较高的高级西餐厅。 （　　）

39. 通常冲泡咖啡的水温应在 85 ~ 93 ℃,煮咖啡的水温可适当提高到接近沸点。 （　　）

40. 服务员给客人点完菜后,应复述一遍客人点的菜,尤其是客人的特殊要求。 （　　）

41. 只要是品质上佳的白兰地酒都可以冠以干邑白兰地的称号。 （　　）

42. 俄式服务又称"大盘子服务",可以将剩下的没分完的菜肴送回厨房,减少浪费。 （　　）

43. 当餐厅迎宾员指引方向时,应拇指收拢,四指伸直。 （　　）

44. 西餐宴会十分注重氛围,讲究在一种优雅的氛围中进行。 （　　）

45. 目前世界著名的咖啡品种几乎全是利比里亚咖啡。 （　　）

46. 《旅游饭店星级的划分与评定》(GB/T 14308—2010)规定,四、五星级饭店应有专门的酒吧或茶室。 （　　）

47. 宴会菜单往往可以作为送给参宴宾客的一种留念,因此要有艺术性并印有价格。 （　　）

48. 调和法在调酒杯中进行,通常用以调制"曼哈顿""马丁尼"等鸡尾酒。 （　　）

49. 蓝山咖啡产于牙买加的蓝山,是咖啡圣品,风味细腻,无苦味。 （　　）

50. 宴会中更换骨碟次数应不少于两次,高档宴会要求每吃一道菜后更换一次骨碟。 （　　）

51. 插花主要有东方、西洋艺术风格之分。 （　　）

52. 俄式宴会服务要求环境富丽堂皇,服务迅速,所以其服务成本远远高于法式服务。 （　　）

53.宴会菜名的设计,需根据宴会的性质、主题,采用寓意的命名方法。 （   ）

54.举行国宴演奏国歌时,服务员应停止一切操作,迅速退至工作台两侧肃立站好。

（   ）

55.西餐厅用具摆台的物品,如台布、餐巾、摆台餐具及酒具等的存货量至少为餐厅座位数的3倍。 （   ）

56.中型宴会无论将餐桌摆放成哪种形状,均应注意突出主桌台,一般为一主、两副组成。 （   ）

57.美式宴会服务上最后一道小吃一般是冰激凌或巧克力。 （   ）

58.重大的宴会开始前5 min,服务员应将葡萄酒和烈性酒先斟好。 （   ）

59.比较正式的西餐宴会一般要用7种酒,也就是说,吃什么菜,配饮什么酒。

（   ）

60.香槟酒或起泡酒中二氧化碳是以葡萄酒加糖发酵产生的。 （   ）

61.制作朗姆酒的原料是甘蔗。 （   ）

62.啤酒是用麦芽、水、酵母和啤酒花直接发酵制成,人们称之为液体面包。 （   ）

63.XO 是指50 年以上陈的白兰地。 （   ）

64.被誉为"葡萄酒之女王"的产地是法国波尔多地区。 （   ）

65.鸡尾酒是一种量少而冰镇的酒,它以朗姆酒、威士忌,以及其他烈性酒或葡萄酒为基酒兑制而成。 （   ）

66.饭店星级评定倡导绿色设计、清洁生产、节能减排、绿色消费的理念。 （   ）

67.各时间段的客人统计通常有迎宾员记录客人数、订餐服务员订餐时记录客人数和收银员在客人结账时记录客人数等方法。 （   ）

68.劳动定额通常以供餐的时数作时间单位,也有以小时或每班的工作时数作时间单位的,如每餐服务数、每小时服务数和每天服务数。 （   ）

69.一般以餐厅客人人均占有面积的多少来划分餐厅的档次。 （   ）

70.餐厅用餐的客人不论时间是否充裕,都希望餐厅的服务工作快捷,并且是高效率的。 （   ）

71.制订培训需求分析时,要列出问题,并分析产生问题的原因,然后确定需要培训的项目。 （   ）

72.激励手段越符合员工的需要,刺激力就越小。 （   ）

73.《旅游饭店星级的划分与评定》(GB/T 14308—2010)要求,四、五星级饭店都应24 h 提供送餐服务。 （   ）

74.《旅游饭店星级的划分与评定》(GB/T 14308—2010)要求,五星级饭店应有装饰豪华、格调高雅的西餐厅(或外国特色餐厅)或风格独特的风味餐厅,均配有专门厨房。

（   ）

75.《旅游饭店星级的划分与评定》(GB/T 14308—2010)的要求,五星级饭店运营质

量项目的最低得分率为 85%。 （　　）

76.《旅游饭店星级的划分与评定》（GB/T 14308—2010）规定,四、五星级饭店的员工培训工作应做到定期化、制度化和系统化。 （　　）

77.《旅游饭店星级的划分与评定》（GB/T 14308—2010）对结账服务的要求是:正常情况下应在 5 min 内完成。 （　　）

78. 只有五星级饭店的菜单及饮品单应装帧精美、完整清洁,出菜率不低于 90%。
（　　）

79. 五星级饭店要求咖啡厅应提供品质良好的自助早餐、西式正餐。 （　　）

80. 五星级饭店应有装饰豪华、氛围浓郁的中餐厅。 （　　）

81.《中华人民共和国旅游法》自 2013 年 10 月 1 日起施行。 （　　）

82. 县级以上人民政府应当指定或者设立统一的旅游投诉受理机构。 （　　）

83. 国家建立旅游目的地安全风险提示制度。 （　　）

84.《中华人民共和国旅游法》规定旅游业发展应当遵循社会效益、经济效益和生态效益相统一的原则。 （　　）

85. 国家倡导健康、文明、环保的旅游方式。 （　　）

86. 菜肴、饮料是保证,餐饮服务是基础。 （　　）

87. 主题庆祝活动是体现高星级饭店经营水准的一项服务,体现饭店餐饮的最高技术水平和服务。 （　　）

88. 客人是上帝,服务人员必须完全服从客人,满足客人的一切要求。 （　　）

89. 中国烹调的方法有上百种之多,使菜肴千姿百态,栩栩如生。 （　　）

90. 葡萄酒杯一般是郁金香花形,斟倒七成或八成,使酒与空气保持充分接触,让酒香更好地挥发。 （　　）

91. 目前饭店使用重托的不多,一般用小型手推车递送重物,既安全又省力。 （　　）

92. 水烫法,即将盛酒的酒杯放入蓄有开水的烫酒壶内温热至 60 ℃左右。 （　　）

93. 汤碗一般是在菜肴口味差异较大时才换。 （　　）

94. 为了便于客人就餐期间认准台面,台号和席次卡应自始至终放置在餐台上。
（　　）

95. 在使用托盘服务时,不能把托盘放在客人的餐桌上。 （　　）

96. 小毛巾服务一般提供两次。 （　　）

简答题:

1. 请列举中国菜的特点。

2. 简述中餐厅电话接受订座的程序。

3. 零点餐厅早餐开餐前服务员的准备工作有哪些?

4. 简述高档餐具的特点。（答出其中 5 点即可得分）

5. 简述接受点菜的要点。

6. 简述客人餐后离座后服务要点。

7. 简述西餐菜品与酒水的搭配。（答出其中 5 点即可）

8. 宴会的发展趋势有哪些？

9. 简述宴会场景设计的基本要求。

10. 中餐宴会的"八知"是什么？

11. 中餐宴会的"三了解"是什么？

12. 选择宴会席间音乐的原则。

13. 饭店星级的划分与评定中要求的服务基本原则是什么？

14. 饭店星级的划分与评定中要求的安全管理要求是什么？

15. 宴会服务注意事项有哪些？

16. 简述在中餐宴会服务过程中哪些情况下需要更换骨碟。

17. 宴会分鱼服务时,应根据其不同的食用方法而进行不同的分割装碟。一般情况下,分鱼的具体要求有哪些？

18. 全面质量管理的内涵是什么？

19. 餐具的消毒方法有哪些？

20. 简述绿色旅游饭店的理念和实质。

21. 餐厅服务基本技能包括哪些？

22. 中餐上菜服务时要注意哪些事项？（答出其中 5 点即可）

23. 团体餐服务注意事项有哪些？（答出其中 5 点即可）

24. 如何撤换烟灰缸？

25. 简述餐饮管理的任务。

26. 菜单设计需考虑的因素有哪些？

27. 结账服务的注意事项有哪些？

28. 饭店星级的划分与评定中对员工仪容仪表的基本要求是什么？

29. 饭店星级的划分与评定中对员工言行举止的要求是什么？

30.《旅游法》中对住宿经营者的有关规定是什么？

31. 餐前例会包括哪些内容？

32. 常用的西餐服务方式有哪些？

33. 托盘轻托装盘的注意事项有哪些？

34. 标准菜谱在餐饮生产管理中的作用是什么？

35. 简述处理投诉的程序。

36. 迎宾员在领位时应注意的问题有哪些？

37. 客房送餐服务程序有哪些？

38. 简述"SERVICE"每个字母所代表的含义。（答案仅供参考）

39. 大型宴会前的组织准备工作应注意哪几个方面？

40. 西餐宴会服务的注意事项是什么？

41. 餐饮服务人员的相关能力要求有哪些？

42. 葡萄酒按含糖量划分为哪几种？

43. 威士忌分为哪几种？

44. 西餐宴会服务规程有哪些？

45. 什么是餐厅？餐厅应具备哪三个条件？

应变题：

1. 接到客人电话预订时怎么办？

2. 客人来就餐但餐厅已经客满怎么办？

3. 餐厅客人中有儿童，服务时怎么办？

4. 客人订了宴会，但过了预订抵达时间还未到，怎么办？

5. 用餐的客人急于赶时间，怎么办？

6. 如何为客人推荐酒水？

7. 若客人点的是需要冰冻的酒水（如白葡萄酒、香槟酒）怎么办？

8. 上菜时，台面已摆满了菜，怎么办？

9. 主宾、主人需离席讲话，负责主台的服务员怎么办？

10. 客人在用餐过程中感到不适时，服务员应如何处理？

11. 客人因等菜时间太长，要求取消食物，怎么办？

12. 如何为行动不便的宾客提供就餐服务？

13. 客人在用餐过程中要求换菜，怎么办？

14. 当客人用餐期间反映物品遗失时，餐厅应如何处理？

15. 发现未付账的客人离开餐厅时，服务人员该怎么办？

16. 当客人在餐厅跌倒时，作为服务人员的你该怎么办？

17. 当客人起身敬酒时，不慎将邻座的酒杯碰翻，服务员应做哪些工作？

18. 当客人反映菜肴不熟时，服务员应该做些什么？

19. 当服务员不慎将菜肴汤汁溢出时，服务员的正确做法是什么？

20. 接待信奉宗教的客人时，怎么办？

21. 大型宴会的主办单位负责人要求控制饮品时，怎么办？

22. 营业时间内某种食物售罄，怎么办？

23. 小型宴会临时加人数，怎么办？

24. 餐厅即将结束营业，但还有客人在用餐，怎么办？

25. 客人认为他所点的菜不是这样的时候，怎么办？

26. 当菜品加价，客人有意见不愿付增加款项怎么办？

27. 客人反映账单不准确时，服务员正确的做法是什么？

28. 宴会中遇到醉酒客人时应怎么办？

29. 餐厅突然停电应该如何处理?

30. 餐厅发生火灾时该怎么办?

31. 客人自带酒水来餐厅用餐该怎么办?

32. 当酒吧出现客人饮酒过量时,该如何处理?

(二)行业试题

判断题:

1. 餐饮部在饭店中的地位,同社会的进步和饭店业的日新月异密切相关。 (　　)

2. 中餐宴会摆台 10 人桌通常摆放 1 套公用餐具。 (　　)

3. 斟酒的要求是不滴不洒、不少不溢。 (　　)

4. 我国饭店的主要餐厅是西餐厅。 (　　)

5. 咖啡厅是小型西餐厅,只经营咖啡饮料,不提供主食。 (　　)

6. 对不会用筷子的外宾,在其吃中餐时应派上刀叉,且撤走筷子。 (　　)

7. 在台型布置中,一些西方国家习惯于突出主台,提倡不分主次台的做法。 (　　)

8. 辅料和配料的添加目的是增加鸡尾酒的色泽,改善鸡尾酒的口味。 (　　)

9. 服务步巾和方巾是相互可以替代食用的。 (　　)

10. 任何餐厅在设计菜单时除了保持其风味特色和传统特色外,还要不断开发新品种,创本店名菜,树立本店形象。 (　　)

11. 餐厅重点促销菜肴可以是由滞销、积压原料经过精心加工包装之后制成的特别推荐菜。 (　　)

12. 如果某种原料的价格呈上升趋势,就可以多买一些,反之,应少订购一些。
(　　)

13. 验收员对未办理订货手续的原料,可填写无购货发票收货单,再办理验收入库手续。 (　　)

14. 摆设花台宜用直径 180 cm 的桌面。 (　　)

15. 干藏库一般不需要供热和制冷设备,其最佳温度为 15～20 ℃。 (　　)

16. 在各类原料储存中,常用的或单位重量较大的货物放在离出口近的地方或货架的下部。 (　　)

17. 对带宠物来餐厅的客人,迎宾员应主动帮助客人看管宠物。 (　　)

18. 所有酒水在库内存放时均应直立。 (　　)

19. 为记录每次领用原料的数量及价值,仓库原料发放必须坚持凭领料单发料的原则。
(　　)

20. 法国政府于 1935 年建立了法国名酒"名称监制制度"。 (　　)

21. 管家部是餐饮运转的后勤保障部门,承担为前后台运转提供物资用品、清扫厨房、清洁餐具厨具和保障餐饮后台环境卫生的任务。 (　　)

22. 摆台要求做到清洁卫生、整齐有序、放置适当、完好舒适、方便就餐、配套齐全,具

有艺术性。　　　　　　　　　　　　　　　　　　　　　　　　　（　　）

23. 餐饮产品的生产、销售与其他工业企业相比没有任何区别。　　　（　　）

24. 为宾客点菜前,服务员应事先准备好纸、笔,西餐服务的话,先画好宾客座位示意图。　　　　　　　　　　　　　　　　　　　　　　　　　（　　）

25. 为宾客点完菜肴和酒水后,须立即复述确认,然后礼貌致谢,收回菜单。（　　）

26. 餐厅是饭店的利润中心之一,餐饮工作者应致力于开源节流,增加赢利。（　　）

27. 零点餐厅上菜时,对一些整形、带骨、汤、炒饭类菜肴,应帮助宾客分派或剔骨。　　　　　　　　　　　　　　　　　　　　　　　　　　（　　）

28. 中餐服务时,上带壳的菜肴必须跟热毛巾和洗手盅。　　　　　　（　　）

29. 食用奶酪时,要用盐、胡椒调味,并跟配黄油、面包、芹菜条、胡萝卜等。（　　）

30. 大陆式服务又称家庭服务,多用于私人宴会。　　　　　　　　　（　　）

31. 中餐酒水一般斟至八分满,红葡萄酒斟至 1/2,白葡萄酒斟至 2/3,香槟酒斟至 2/3。　　　　　　　　　　　　　　　　　　　　　　　　（　　）

32. 西餐点菜时,宾客点蛋类菜,要问清煎蛋是单面煎还是双面煎。　（　　）

33. 杯花可以提前折叠放好,目前杯花在西餐厅已广泛使用。　　　　（　　）

34. 自助餐按就餐形式分,可以分为设座式自助餐和站立式自助餐。　（　　）

35. 西餐早餐按传统分为英式早餐和欧陆式早餐两类。　　　　　　　（　　）

36. 酒吧大约兴起于美国。　　　　　　　　　　　　　　　　　　　（　　）

37. 示酒,是斟酒服务的第一道程序,它标志着服务操作的开始。　　（　　）

38. 摆放餐巾花时除主人位外,一般要将观赏面背向客人席位。　　　（　　）

39. 按进餐形式划分,宴会可分为中餐宴会和西餐宴会。　　　　　　（　　）

40. 冷餐会的菜点以冷菜为主,热菜为辅,菜点品种丰富多样。　　　（　　）

41. 宴会前要保证空调性能良好,在开宴前 15 min 达到所需温度并始终保持稳定。　　　　　　　　　　　　　　　　　　　　　　　　　　　（　　）

42. 宴请活动的最后确认和宴会厅的安排必须由宴会部经理批准执行。（　　）

43. 大型宴会每一道菜主桌要先上两三秒,其他桌随后上。　　　　　（　　）

44. 为加快宴会服务的速度,两个服务员可以在某位宾客的左右两边同时服务。　　　　　　　　　　　　　　　　　　　　　　　　　　　　（　　）

45. 收集质量信息,既是服务质量控制的基础,又是服务质量控制的方法。（　　）

46. 若需在会议进行中添加茶水,则一般 15~20 min 添加一次,且服务动作要轻。　　　　　　　　　　　　　　　　　　　　　　　　　　　（　　）

47. 外卖服务(Outside Catering)因服务条件不如饭店餐厅,所以服务水准可以略低于店内举行的宴会。　　　　　　　　　　　　　　　　　　　　（　　）

48. 宴会开始,等客人将冷菜食用 1/3 时,开始上热菜。　　　　　　（　　）

49. 当客人准备抽烟时,服务员应立即为其点烟,火柴划向自己,一根火柴为一位客

人点烟,火柴梗摇灭后放到烟灰缸里。   （   ）

50.餐饮成本控制时,实际成本率高于标准成本率的称为逆差,表示成本控制欠佳。

（   ）

单选题:

1.饭店业先驱斯塔特勒先生认为:"饭店从根本上说,只销售一样东西,那就是（   ）。"

    A.商品　　　　　　B.经历　　　　　　C.服务　　　　　　D.享受

2.餐饮部的首要任务是(   )。

    A.向宾客提供以菜肴等为主要内容的有形产品

    B.向宾客提供满足需要的、恰到好处的服务

    C.增收节支,开源节流,搞好餐饮经营管理

    D.为饭店树立良好的社会形象

3.设在各类中西餐厅中,调酒师根据宾客订单提供酒水,这样的酒吧称为(   )。

    A.主酒吧　　　　　B.酒廊　　　　　　C.服务酒吧　　　　D.宴会酒吧

4.饭店餐饮经营运转的第一个步骤是(   )。

    A.采购　　　　　　B.菜单设计　　　　C.市场营销　　　　D.生产加工

5.旅游饭店餐厅如提供自助餐服务,使用的应是(   )。

    A.固定菜单　　　　B.循环菜单　　　　C.当日菜单　　　　D.限定菜单

6.根据饭店的特殊要求,以书面形式对餐饮部要采购的原料的质量、规格等做出的具体(   )。

    A.订货单　　　　　B.标准菜谱　　　　C.菜单　　　　　　D.采购规格标准

7.采购消耗量变化大,有效保存期短因而必须经常采购的鲜活原料,适用(   )。

    A.长期订货法　　　　　　　　　　B.定期订货法

    C.永续盘存卡订货法　　　　　　　D.日常采购法

8.水果、蛋、黄油及那些需要保鲜的原料宜放在(   )库房。

    A.干藏　　　　　　B.冷藏　　　　　　C.冷冻　　　　　　D.中心

9."四号定位"就是用4个号码来表示某种原料在仓库中的存放位置,这4个号码依次是(   )。

    A.库号——层号——架号——位号　　　B.库号——架号——层号——位号

    C.位号——架号——层号——库号　　　D.位号——层号——架号——库号

10.根据国际惯例,库存短缺率不应超过(   ),否则为不正常短缺,应查明原因。

    A.1%　　　　　　　B.2%　　　　　　　C.3%　　　　　　　D.4%

11.某种原料经初步加工或切割、烹制试验后所得净料的单位成本与毛料单位成本之比,称为(   )。

    A.成本率　　　　　B.净料率　　　　　C.毛利率　　　　　D.成本系数

12. 撤台时,首先撤下的是(   )。

    A. 小毛巾、餐巾   B. 玻璃器皿   C. 金属餐具   D. 瓷器

13. 所有菜肴在厨房略加烹调后,置于手推车上,由服务员推出,在宾客面前进行烹饪表演或切割装盘,分盛于餐盘中端给宾客。这种服务方式称为(   )。

    A. 法式服务   B. 俄式服务   C. 美式服务   D. 英式服务

14. 西餐讲究菜肴与酒水的搭配,进食牛排、羊排、猪排等菜肴时,宜配(   )。

    A. 白葡萄酒   B. 红葡萄酒   C. 开胃酒   D. 利口酒

15. 自助餐台最基本的台型是(   ),它常靠餐厅四周墙壁摆放。

    A. 长方形   B. 圆形   C. 圆环形   D. "S"形

16. (   )吧台的特点是:调酒师在吧台内的各个角度都能面对客人,展示柜中的酒水也很直观。

    A. 圆形   B. 三角形   C. "U"形   D. 直线形

17. 鸡尾酒配方中,如有乳制品等一些黏稠的饮料作为辅料,应用(   )法加工制作。

    A. 兑和   B. 调和   C. 摇和   D. 搅和

18. 宴会旧称筵席。我国的筵席最早产生于(   )。

    A. 殷周   B. 秦汉   C. 唐朝   D. 宋代

19. 中餐宴会一般使用直径为(   )cm的圆桌和配套的转盘(10人位)。

    A. 160   B. 170   C. 180   D. 200

20. 宴会的主桌值台服务员至少安排(   )人。

    A. 1   B. 2   C. 3   D. 4

21. 宴会预订员在接受宾客预订时首先要填写的表格是(   )。

    A. 宴会预订表   B. 宴会合同书   C. 宴会安排日记簿   D. 宴会通知单

22. 大型宴会应在开始前(   )min摆上冷菜,然后根据情况可预斟红酒。

    A. 10   B. 15   C. 20   D. 25

23. 鸡尾酒会准备工作时,要按照参加人数的(   )倍备足酒杯。

    A. 1   B. 2   C. 3   D. 4

24. 菜肴定价时,管理人员为吸引客源,往往在一段时间内将价格定得低些,使顾客喜欢光临而使餐厅的知名度提高。这种定价目标表述为(   )。

    A. 以经营利润为定价目标   B. 注重销售的定价目标
    C. 刺激其他消费的定价目标   D. 以生存为定价目标

25. 西餐上菜顺序为(   )。

    A. 开胃品、色拉、汤、主菜   B. 色拉、开胃品、汤、主菜
    C. 汤、开胃品、色拉、主菜   D. 开胃品、汤、色拉、主菜

26. 西餐讲究菜肴与酒水的搭配。海鲜类菜肴一般配(   )酒。

A. 甜红葡萄酒　　　B. 干红葡萄酒　　　C. 甜白葡萄酒　　　D. 白葡萄酒

27. 绘制彩蛋出售或赠送,是(　　)可以采用的一种节日促销形式。

A. 圣诞节　　　　　B. 情人节　　　　　C. 复活节　　　　　D. 万圣节

28. 常用于评估和预测酒吧销售情况的指标是(　　)。

A. 宾客人均消费额　　　　　　　　B. 每座位销售量

C. 座位周转率　　　　　　　　　　D. 每位服务员销售量

29. 按成本习性分,食品原料及饮料费用属于(　　)。

A. 固定成本费用　　B. 变动成本费用　　C. 半变动费用　　　D. 不确定

多选题:

1. 对于饭店的其他营业部门来说,餐饮部在竞争中更具有(　　)。

A. 直接性　　　　　　　B. 有序性　　　　　　　C. 灵活性

D. 多变性　　　　　　　E. 可塑性

2. 餐饮销售特点是(　　)。

A. 销售量受餐饮经营空间大小的限制

B. 销售量受餐饮就餐时间的限制

C. 餐饮经营毛利率较高,资金周转慢

D. 餐饮原料、产品容易变质

E. 餐饮经营中固定成本占有一定比重,变动费用的比例也较大

3. 无论饭店规模是大是小,餐饮部主要在(　　)业务功能模块中进行运转与相互联系。

A. 采保部　　　　　　　B. 厨务部　　　　　　　C. 各营业点

D. 管事部　　　　　　　E. 营销部

4. 零点餐厅餐前准备的项目主要有(　　)。

A. 餐厅卫生　　　　　　B. 开餐前准备　　　　　C. 摆台、餐前检查

D. 召开餐前例会　　　　E. 休息厅服务

5. 中餐上菜顺序要遵循(　　)的原则。

A. 先冷后热　　　　　　B. 先咸后甜　　　　　　C. 先蒸后炒

D. 先荤后素　　　　　　E. 先菜后点

6. 自助餐菜点陈列时,每道菜品前面正对宾客取菜方向摆上(　　)。

A. 菜名　　　　　　　　B. 取菜用的公用叉、勺　　C. 纸巾

D. 盛菜餐具　　　　　　E. 跟配调料品

7. 接到宴会通知单后,餐厅服务员应做到"八知",是指知宴请规模、知宴会标准、知开餐时间、知菜单内容、知收费办法、(　　)。

A. 知宾主情况　　　　　　B. 知宴请主题　　　　　C. 知主办地点

D. 知宴会目的性质　　　　E. 宾客进餐方式

8. 中餐宴会上菜位置可以在（　　　）。

    A. 陪同和翻译人员之间　　B. 副主人右侧　　　　C. 主人右侧

    D. 主宾右侧　　　　　　　E. 主人左侧

9. 影响服务质量的原因很多，一般归结为4M1E五大因素，即人（Man）、（　　　）。

    A. 管理（Management）　　B. 材料（Material）　　C. 方法（Method）

    D. 设施（Machine）　　　　E. 环境（Environment）

10. 服务员应做到"四勤"是（　　　）。

    A. 手勤　　　　　　B. 眼勤　　　　　　C. 嘴勤　　　　　　D. 腿勤

二、中餐宴会摆台专业英语测试参考题

（一）情境应答

1. If the guest wants to reserve a table, what information do you have to know?

2. What would you say to the guest if you want to confirm his/her reservation?

3. When a guest calls to reserve a private room for dinner, what information do you have to know?

4. How would you introduce your restaurant to the guest?

5. If the guest wants to know the business hours for breakfast, what would you say?

6. What would you like to say if the guest wants to know the business hours in your restaurant?

7. What would you like to say when the guest asks "Where can I have cocktail?"

8. What would you like to say to the guest who walks into your restaurant for dinner?

9. If you are a hostess, what's the first thing you have to find out when the guest comes?

10. when the restaurant is fully booked, what would you say to the guest?

11. If the restaurant is full when the guest comes, what would you say to the guest?

12. If the guest is willing to wait for dinner in the restaurant, what would you say?

13. What would you like to say if the guest wants a table that has been reserved?

14. When you want to arrange the guest and other guests sharing a table, what would you say?

15. Before taking orders for the guest, what should you usually offer?

16. If the guest comes to the Western Restaurant for Chinese food, what would you do?

17. What would you like to say when you want to take order for the guest?

18. What do you say when you present the menu?

19. What would you like to say when you want to recommend something to the guest?

20. What do you need to do after the guest has finished his orders?

21. After you have finished confirming the orders, what would you like to say?

22. What would you like to say if the guest asks for the dish that has been sold out?

23. If the guest wants to have something which your restaurant doesn't have, what would you say to him?

24. What would you like to say to the guest if you recommend your house specialty?

25. What is "Mapo Tofu"?

26. What would you say to confirm the guest's order?

27. When the guest orders the beefsteak, what do you have to pay attention to?

28. What do you say when you're not sure if the guest has ended a la carte.

29. What would you like to say to the guest when all the dishes have been served?

30. If the guest wants to smoke in the non-smoking area, what would you like to say?

31. If the guest takes out his cigarette and starts smoking in a non-smoking area in the restaurant, what would you do?

32. What would you like to say when the guest has been waiting for a long time?

33. If you are giving wrong dish, what would you say and do?

34. What would you like to say when you want to know whether the guest is happy with his meal?

35. What would you like to say when the guest orders a cup of coffee?

36. What would you like to say when you recommend special drinks to the guest?

37. What would you like to say if the guest asks for a steak?

38. What would you say when you see the plate is empty?

39. What would you say when the dish is served later?

40. If the guest made a complaint about the dish, how would you do?

41. When the guest finishes his dinner, and you want to know his suggestion, what would you say?

42. While you are on duty. What would you say if the guest invites you to a drink?

43. You are the waiter/waitress, and you want the guest to sign the bill, what should you say?

44. After the guest pays the bill, and you want to express your good wishes, what would you say?

45. If you learned that the guest would leave the hotel very early next morning. What suggestion would you give him?

46. If you find that the guest leaves the restaurant without paying his bill, what would you do?

47. What is the most important thing that you need to do when the hotel guest would like to charge his bill to his room?

48. How can you know the method of payment that the guest would like to choose?

49. What will you say to the guest when he is leaving the restaurant?

50. What will you do when the guest tells you that there's something wrong with the bill?

（二）英译中

1. When would you like your table?

2. Just a moment, please. I'll check the availability for you.

3. Let me check if we have any vacancy.

4. I'm afraid we're fully booked for that time.

5. I'm terribly sorry. The restaurant is full.

6. Would you like to make a reservation at another time?

7. At what time can we expect you?

8. I want a table with a view of the river.

9. How late do you stay open?

10. Please arrange a 500 yuan menu for five of us.

11. We are looking forward to serving you.

12. Have you got a reservation? /Do you have a reservation?

13. How many persons are there in your party? /Table for one?

14. In whose name was the reservation made?

15. I'll show you to the table.

16. Now would you please take a seat and wait over there?

17. I'm afraid that we let another guest sit at your table since you did not arrive on time.

18. I'm sorry, sir. There's no vacant table for the moment.

19. Would you like to sit near the window?

20. Will this table be all right?

21. I'm afraid all our tables are taken.

22. Would you mind sharing a table?

23. Would you mind waiting?

24. Would you come this way please?

25. Where would you like to sit?

26. This table is too close to the restroom. Could you change another for us?

27. Our restaurant is full now. We might be able to seat you in 20 minutes.

28. Here's the menu. Please take your time and another waiter will come to take your order.

29. May I take your order now, madam?

30. Are you ready to order now, sir?

31. Would you like to order?

32. What would you like to have/try tonight?

33. What would you like to drink today?

34. Do you want any dessert?

35. How would you like the roastbeef to be done?

36. Sorry, we haven't got MaPo beancurd, would you try Braised eggplant?

37. I'm Sorry, there aren't any left.

38. Terribely sorry, sir. I'm afraid Seafood has been sold out today, but would you like to try bacon with buttered toast.

39. We'd like to have some good dishes of Chinese characteristics.

40. What are your specialties?

41. What kind of cold dishes have you got?

42. I'm afraid we do not have this dish in our restaurant. May I recommend something else?

43. May I repeat your order, sir?

44. Please rush our orders as we are in a hurry.

45. Are you on a special diet?

46. Would you like to have table d'hote or a la carte?

47. We have both buffer-style and a la carte dishes, which would you prefer?

48. We offer special menus for different diets.

49. We have a wide range of vegetarian dishes for you to choose from.

50. I'm not familiar with Chinese food, could you recommend something?

51. We serve Cantonese, Sichuan, Shanghai and Beijing cuisines, which cuisine would you prefer?

52. Which flavor would you prefer, sweet or spicy?

53. Generally speaking, Cantonese cuisine is light and clear; Sichuan cuisine is strong and hot; Shanghai cuisine is oily and Beijing cuisine is spicy and a bit salty.

54. Maybe Cantonese cuisine will suit you.

55. Would you like to try our house specialty?

56. How would you like you egg/coffee/steak?

57. Would you like your fried eggs sunny-side up?

58. Would you like your beer draught or bottled?

59. This wine is only served by the bottle. How about that one? It's served by the glass.

60. With ice or without ice, sir?

61. It's very popular with our guests.

62. It's served by the dozen.

63. What is today's special?

64. Today's special is Mapo Doufu, with a 40% discount.

65. How do you cook it?

66. What is it like?

67. It's crispy/tasty/tender/clear/strong/spicy/aromatic.

68. It looks good, smells good and tastes good.

69. It's a well-known delicacy in Chinese cuisine.

70. You'll love it.

71. It's for 4 persons.

72. It's out of season.

73. Why not try our buffer dinner?

74. The beef barbecue is terrific!

75. If you are in a hurry, I would recommend...

76. Which brand of milk/beer/cigarettes/wine/... would you prefer?

77. A waiter will come soon to take your order.

78. Would you like to have your soup right now or later?

79. I'll bring it right away.

80. It's coming.

81. I'll change it immediately for you.

82. I'm afraid you need to wait for a bit longer.

83. It will stimulate the appetite.

84. I'm terribly sorry. The dish will be replaced immediately.

85. This is very hot. Please be careful.

86. May I move this plate to the side?

87. I'm awfully sorry. There must have been some mistakes.

88. I'll change it immediately for you.

89. We hope we'll have another opportunity to serve you.

90. Is everything to your satisfaction?

91. Who will be paying the bill?

92. Here is your bill. Would you like to check it?

93. Here is your bill, sir/lady?

94. How would you like to pay?

95. The total amount is 128 yuan, do you pay the bill by cash, or credit card?

96. Cash or charge, sir?

97. Oh, I'm sorry, cash only please.

98. Would you like to put it on your hotel bill?

99. One bill, or separate bills?

100. We'll give you a 20% discount.

（三）中译英

1. 早上好(午安、晚安)。

2. 您好!

3. 再见,欢迎下次再来!

4. 慢走,感谢您的光临。

5. 请稍等。

6. 请原谅。

7. 小姐,我想要一张两人的餐桌。

8. 小姐,我想订一间明晚的厅房。

9. 请问需要大厅房还是小厅房?

10. 先生,请问是用餐吗?

11. 请问您贵姓?

12. 请问您有预订吗?

13. 请问您有几位?

14. 两人的一张台吗?

15. 对不起,那边的桌子已经预订了。

16. 意大利餐厅在饭店二层。

17. 对不起,现在已经客满了。

18. 对不起,现在已经没有厅房了。

19. 您看坐在这里可以吗?

20. 对不起,您是否介意与那位先生同坐一桌?

21. 如果您不介意,坐在那边角落里好吗?

22. 如果您愿意,可以先到大堂休息一下。

23. 请稍候,我们马上给您安排。

24. 对不起,让您久等了。

25. 请跟我来/请这边走。

26. 这是菜单,请问现在可以点菜了吗?

27. 您想吃中餐还是西餐。

28. 今天的特别介绍是……

29. 请问需要冷饮还是热饮?

30. 请用茶。

31. 请用香巾。

32. 我们的菜式有广东风味、北京风味、四川风味,您喜欢哪一种?

33. 您想试一下本地的特色菜吗?

34. 请问您想喝点什么？

35. 请问您喝什么茶？

36. 您先来杯啤酒好吗？

37. 我们有葡萄酒、白酒、啤酒和各式软饮料。

38. 对不起，我们这里没有生力啤酒。

39. 您试一下百威啤酒好吗？

40. 对不起，那是整瓶卖的。

41. 这瓶葡萄酒每瓶 98 元。

42. 你喜欢什么？ 茶还是咖啡。

43. 我们这里有清茶、菊花茶、八宝茶。

44. 请问需要加冰块吗？

45. 如果您赶时间的话，我给您安排一些快餐好吗？

46. 对不起，这个品种刚刚售完。

47. 我们的早餐包括一碗稀饭、两笼包子、一碟小菜。

48. 我们的早餐主要供应粤式早茶。

49. 请问您对菜肴有什么特殊要求吗？

50. 请问土豆要烤的还是煮的？

51. 先生请问您的牛肉要几分熟？

52. 先生，傣式烤牛肉很不错，我建议你们点一份。

53. 我们的蔬菜有土豆、莴笋、黄瓜、大白菜、豇豆等。

54. 海鲜类有虾、扇贝、鲈鱼。

55. 主食类有水饺、汤面、炒面、炒饭。

56. 恐怕您点的菜太多了。

57. 好的，我一定尽快给您做好。

58. 先生（女士）这个水果盘是我们餐厅奉送的，祝您午餐愉快。

59. 打扰了，请问现在可以上菜吗？

60. 祝您用餐愉快！

61. 祝您午餐（晚餐）愉快！

62. 先生您喜欢用筷子还是刀叉。

63. 给您再添点米饭好吗？

64. 对不起，我能把这个盘子撤走吗？

65. 对不起，我把它换成小盘子好吗？

66. 请稍等，我马上来收拾。

67. 不用谢，很乐意为您服务。

68. 我这就去和厨师商量。

69. 先生您的菜已经上齐了。

70. 还要点水果和甜品吗?

71. 对不起,我到厨房给您催一下。

72. 哦! 很抱歉这个菜的烹饪时间较长。

73. 烤鸭大概需要半个小时。

74. 请问需要主食吗?

75. 请问您对今天的菜肴有何意见?

76. 如果您还有其他需要,请您随时告诉我们。我们很乐意为您效劳。

77. 很抱歉,我们立即采取措施,让您满意。

78. 值班经理马上就来。

79. 我们会尽快给您答复。

80. 谢谢您提出的宝贵意见。

81. 我们将努力改进。

82. 隆中是我们襄樊的名胜古迹。

83. 好的,我去拿来。

84. 先生,有什么需要我帮忙的吗?

85. 先生,请问您是找人吗?

86. 您能告诉我事情的详细经过吗?

87. 哦,在大堂,我带您去好吗?

88. 非常抱歉,还有什么可以为您效劳吗?

89. 对不起,请再重复一遍。

90. 先生,您会讲英语吗?

91. 对此造成的不便,我们非常抱歉。

92. 先生(女士)这是您的账单吗?

93. 一共是 388 元,请问您是付现金还是刷信用卡?

94. 我们这儿不收小费,但是我仍很感谢您。

95. 您是用信用卡还是现金结算?

96. 哦,很抱歉,请付现款。

97. 请告诉我您的房间号码。

98. 好的,我们马上送到您的房间。

99. 请在这儿签名好吗?

100. 这是发票和零钱,请收好。

（四）英语情境对话

顾客电话订餐情境对话

Dialogue 1

A = operator   B = guest

A：How may I help you?

能为您做点什么？

B：Yes. I'd like to reserve a table for dinner.

您好，我想预订一张桌子吃饭。

A：How big a group are you expecting?

您大约有多少人？

B：Six.

6 个人。

A：Would you like to reserve a private dinning room?

您需要订一个私人的隔间吗？

B：That sounds like a good idea.

这主意不错。

A：All right. May I have your name, sir?

好的，先生能留下您的姓名吗？

B：My name is Mike.

我叫迈克。

A：What time will you be arriving?

您几点能到呢？

B：Around 7:30 pm.

大约下午 7 点半吧。

A：All right, we have reserved a private dinning room for you at 7:30 pm. Thanks for your calling.

好的，我已经为您订了私人的隔间，7 点半可以确保为你准备好。感谢您打来电话订餐。

B：Thank you very much.

谢谢。

Dialogue 2

A = guest   B = operator

A：I'd like to make a reservation for tonight. A table for two, please.

我想预订今晚一张两人桌的座位。

B：For what time，sir?

几点的，先生？

A：Around 8：30.

晚上 8：30 左右。

B：May I have your name please，sir?

你能告诉我你的名字吗？

A：Mr. Frank.

弗兰克先生。

B：All right. A table for two for this evening at 8：30.

好的。今晚 8：30 一张两人桌。

A：Yes.

是的。

Dialogue 3

A = operator　　　　　　　　B = guest

A：Good evening，La Lanterna. May I help you?

晚上好，这里是兰登那餐厅，您需要什么呢？

B：Good evening. I'd like to make a dinner reservation for this Friday，the 8th.

晚上好，我想要订位。这个礼拜五，也就是 8 号的晚餐。

A：Alright，just a moment please and I'll check our reservations book. Ok，how many people are there in your party?

好的，请稍等一下，我查一下我们的预约簿。没问题，请问你们有几位？

B：There'll be six，four adults and two children.

6 位，4 个大人和两个小孩。

A：What time would you like the reservation for?

请问你的订位要从几点开始呢？

B：6：30，please.

6 点半。

A：Alright，and what is your name?

好的，请问您的姓名？

B：It's Shelly Jackson.

谢利·杰克逊。

A：OK，Ms. Jackson. So，that's a party reservation for six，Friday，the 8th at 6：30.

好的，杰克逊小姐。为您预订了 6 位，8 号，礼拜五，晚上 6 点半。

B：Yes，that's right. Thank you very much.

是的,非常感谢你。

A:You are welcome,see you this Friday.

不客气,期待您礼拜五的光临。

餐厅座位已满,顾客等待就餐的情境对话

Dialogue

（A couple waiting to be seated in a crowded restaurant）

（一对夫妇在拥挤的餐厅外等待就座）

A = waiter/waitress   B = guest

A:Do you have a reservation,sir?

请问您订位了吗,先生?

B:No,I am afraid we don't.

没有。

A:I'm sorry. The restaurant is full now. You have to wait for about half an hour. Would you care to have a drink at the lounge until a table is available.

很抱歉,餐厅已经满座了。约要等30分钟才会有空桌。你们介意在休息室喝点东西直至有空桌吗?

B:No,thanks. We'll come back later. May I reserve a table for two?

不用了,谢谢。我们等一会儿再来。请替我们预订一张两人桌,可以吗?

A:Yes,of course. May I have your name,sir?

当然可以。请问先生贵姓?

B:Bruce. By the way. Can we have a table by the window?

布鲁斯。顺便,我们可以要一张靠近窗口的桌子吗?

A:We'll try to arrange it,but I can't guarantee,sir.

我们会尽量安排,但不能保证,先生。

B:That's fine.

我们明白了。

（Half an hour later,the couple comes back. 半小时后,布鲁斯夫妇回来了。）

A:Your table is ready,sir. Please step this way.

你们的桌子已经准备好了,先生。请往这边走。

接受顾客点餐的情境对话

Dialogue 1

A = guest   B = waiter

A:Waiter,a table for two,please.

服务生，请给我一张两人的桌子。

B：Yes，this way please.

好的，请跟我来。

A：Can we see the menu，please?

能让我们看一看菜单吗？

B：Here you are.

给您。

A：What's good today?

今天有什么好吃的？

B：I recommend crispy and fried duck.

我推荐香酥鸭。

A：We don't want that．Well，perhaps we'll begin with mushroom soup，and follow by some seafood and chips.

我们不想吃香酥鸭。或许我们可以先喝蘑菇汤，然后再要点海鲜和土豆片。

B：Do you want any dessert?

要甜品吗？

A：No dessert，thanks．Just coffee.

不，谢谢。咖啡就行了。

Dialogue 2

A = waiter/waitress   B = guest

A：Good morning．Can I help you?

早上好，有什么能效劳的吗？

B：I want an American breakfast with fried eggs，sunny side up.

我想要一份美式早餐，要单面煎的鸡蛋。

A：What kind of juice do you prefer，sir?

您想要哪种果汁呢？

B：Grapefruit juice and please make my coffee very strong.

西柚汁，还有，我要杯很浓的咖啡。

A：Yes，sir．American breakfast with fried eggs，sunny side up，grapefruit juice and a black coffee．Am I correct，sir?

好的，一份美式早餐，要单面煎的鸡蛋、西柚汁及一杯清咖啡，对吗？

B：Yes，that's right.

是的。

A：Is there anything else，sir?

还有什么吗,先生?

B:No,that's all.

没有了,谢谢。

Dialogue 3

A＝waiter/waitress   B＝guest

A:What can I do for you,sir?

先生,您要来点什么?

B:What have you got this morning?

今天早上你们这儿有什么?

A:Fruit juice,cakes and refreshments,and everything.

水果汁、糕点、各种茶点等,应有尽有。

B:I'd like to have a glass of tomato juice,please.

请给我来一杯西红柿汁。

A:Any cereal,sir?

要来点谷类食品吗,先生?

B:Yes,a dish of cream of wheat.

好的,来一份麦片粥。

A:And eggs?

还要来点鸡蛋什么的吗?

B:Yeah,bacon and eggs with buttered toast. I like my bacon very crisp.

要,再来一份熏猪肉和鸡蛋,我喜欢熏猪肉松脆一点。

A:How do you want your eggs?

您喜欢鸡蛋怎么做?

B:Fried,please.

煎的。

A:Anything more,sir?

还要什么别的东西吗,先生?

B:No,that's enough. Thank you.

不要了,足够了。谢谢。

Dialogue 4

A＝waiter/waitress   B＝guest

A:Are you ready to order?

您现在可以点菜吗?

B:Yeah I think I am actually. Could I just have the soup to start please. What's the soup of the day?

是的,可以。请先给我来一份例汤,好吗——今日的例汤是什么?

A:That's minestrone,is that all right sir?

是意大利蔬菜汤,可以吗?

B:Yeah,that's fine,and for the main course could I have the chicken please?

可以。好的,至于主菜,请给我一份鸡肉,好吗?

A:Chicken.

鸡肉。

B:And just some vegetables and some boiled potatoes please.

再来一点蔬菜和煮土豆。

A:Boiled potatoes,OK?

煮土豆。好的。

A:Thanks very much.

谢谢!

B:OK.

好的。

提供餐饮服务的情境对话
Dialogue

A = waiter/waitress   B = guest

A:Good morning,sir. I've brought the breakfast you ordered.

早上好,先生。您要的早餐送上来了。

B:Just put it on the table,please.

请放在桌上。

A:Do you need anything else,sir?

先生,还有其他需要吗?

B:No thanks. Ah,yes! Can I have some more juice for the minibar?

没有,谢谢。啊! 可否多放一些果汁在冰箱里?

A:What kind of juice would you like,sir?

哪种果汁呢,先生?

B:Tomato,orange and apple juice,please.

番茄汁、橙汁和苹果汁。

A:Yes,sir. I'll get them for you right away. Would you please sign this bill first,Thank you,sir.

好的,我立刻去取。麻烦您先签了这张账单。

顾客结账的情境对话
Dialogue

A = guest 1　　　　　B = waiter　　　　　C = guest 2

A:I can have the check,please.

结账。

C:George. Let's split this.

乔治,我们各自付账吧。

A:No,it's my treat tonight.

不,今天我请客。

B:Cash or charge,sir?

付现金还是记账?

A:Charge,please. Put it on my American Express.

记账。请记入我的"美国运通信用卡"账号。

顾客结账时对账单表示质疑的情境对话
Dialogue

A = guest　　　　　B = waiter

A:Hey,waiter! Could I have the bill,please?

嘿,服务员,请把账单给我好吗?

B:Of course! Here you are!

好的,给。

A:Thanks.

谢谢。

B:Do you have any questions?

您有什么疑问吗?

A:Yes,I don't think the number is right.

是的,我不认为这个数字是对的。

B:Let me check! Sir,I think the number has no problem.

我查查,先生,我想这个数字没问题。

A:But I don't think such a common dinner should cost me so much!

但是我不认为一顿普通的餐点要这么贵。

B:I think so,but the red wine you had is very expensive!

是的,但是您喝的红酒是很贵的。

A：How come！

怎么会这样。

B：I don't know. Would you like to pay your bill？

我不知道，您要付账了吗？

给顾客推荐特色菜品及餐馆的情境对话

Dialogue

A = guest   B = waiter

A：Oh，I'm starving. I'd like to try some real Chinese cuisine. What would you recommend，waiter？

啊，我快饿死啦。我想吃点真正的中国菜。您给我推荐什么呢，服务生？

B：Well，it depends. You see，there are eight famous Chinese cuisines，for instance，the Sichuan cuisine，and the Hunan cuisine.

那要看情况了。您知道，中国主要有八大菜系。比方说，川菜、湘菜。

A：They are both spicy hot，I've heard.

我听说这两种都很辣。

B：That's right. If you like hot dishes，you can try some.

对。您要是爱吃辣的，可以试试。

A：They might be too hot for me.

对我来说可能太辣了点。

B：Then there's the Cantonese cuisine and the Jiangsu cuisine. Most southerners like them.

再有是粤菜和江苏菜。大多南方人都爱吃。

A：What about any special Beijing dishes？

有什么特别的北京风味菜吗？

B：There's the Beijing roast duck.

有北京烤鸭啊。

A：Oh，yes. I've heard a lot about it. I'd like very much to try it. Where can I find it？

啊，对了，听过多次了。我很想试一试。在哪儿能吃到呢？

B：You can find it in most restaurants，but the best place is certainly Quanjude Restaurant.

大多数饭店都有烤鸭，可是最好的当然还是全聚德烤鸭店。

A：Is it near here？

离这儿近吗？

B：Not too near but not too far either. A taxi will take you there in 15 minutes，if the traffic is not too bad, I mean.

不太近也不算远。乘出租车 15 分钟能到。我是说,要是堵车不厉害的话。

A:Well, thank you for your information. But what is the name of that restaurant again?

好,多谢您的指点。请您再说一下那家饭馆的名字好吗?

B:Let me write it down on this slip of paper for you. You can show it to the taxi-driver.

我来给您写在这张纸片上。您好拿给出租车司机看。

A:That's very kind of you. Thanks a lot.

您真是太好了! 多谢多谢。

B:You're welcome.

不客气。

三、参考答案

★中餐宴会摆台技能大赛（中职组）专业理论测试参考答案

该部分分为中职组试题和行业试题，中职组试题题型包括客观题、判断题、简答题、应变题，行业试题题型包括判断题、单选题和多选题。

（一）中职组试题

客观题（填空题）参考答案：

1. 保护生态环境和合理使用资源　2. 全国旅游星级饭店评定委员会　3. 企业自愿申报　4.3 年期满　5. 星级饭店内审员　6. 特许经营　7.3.5 m　8. 信用卡结账　9. 徒手斟酒　10. 轻托和重托　11. 葡萄酒　12. 旁桌分菜法　13. 主人与主宾之间　14. 地方菜　15. 服务方式　16. 粤菜　17. 寺院素菜　18. 谭家菜　19. 潮州菜　20. "苏式"　21. 火候　22. 川菜　23. 闽菜　24. 浙菜　25. "一菜一格、百菜百味"　26. 宫廷风味　27. 七八分满　28. 两个以上烟头或有其他杂物　29. 每道菜的烹调时间　30.1 m　31.15 min　32. "家庭服务或主人服务"　33. 美式　34. 开胃品　35. 由外向内　36. 法式　37.4/5　38. 感官鉴别　39.1/3　40. 行草　41. 两　42.1/3　43. 胡椒或芥末　44. 清香型　45. 冷餐酒会　46. 法式　47. 红葡萄酒　48. "绿叶红镶边"　49.22～26 ℃　50. 朗姆酒　51. 酱香型　52. 酿造酒　53. 搅和法　54. 苏格兰　55.20～30　56. 消毒　57. 各种设备检查　58. 主人位　59. 客房早餐送餐服务　60. 企业形象和信誉　61.2011 年 1 月 1 日　62. 长城和五角星　63. 饭店产品　64. 价格和质量　65. 艺术性　66. "一条否决"　67.2 min　68.10 min　69.4 min 内　70.3 个以上　71. 微生物指标　72. 建立服务规程　73. 清晰　74. 编制定员　75. 饭店运营质量　76. 减量化（Reduce）　77. 合礼　78. 迎客走在前，送客走在后，客过要让路，同行不抢道，不要在客人中间穿行　79. 先菜后点，先清淡后肥厚　80. 头不可朝向主人，鱼不献脊　81. 推折（直推，斜推），拉、捏　82. 中心第一，高近低远　83. 可以避免差错、表示对客人的尊重、促进销售　84. 顾客进店有"迎声"，照顾不周有"歉声"　85. 西湖龙井，六安瓜片，君山银针，安溪铁观音　86. 冰块冰镇，冰箱冷藏冰镇　87. 葡萄酒　88. 沙城白葡萄酒　89. 一个月　90. 青年人　91. 生理需求，器、质、名　92. 即兴表演，个人素质，情绪，不稳定　93. 色调，荤素，间距相等　94. 高近低远　95. 餐巾纸，酒水　96. 速溶咖啡，冲煮咖啡　97. 穿装饰物时用　98. 留底，酒吧台，收款台　99. 水果沙拉、素菜沙拉、荤菜沙拉　100. 向上，刀口　101. 鸡尾酒、软饮料　102.45°，瓶身　103. 葡萄酒杯。

判断题参考答案：

1.√　2.√　3.×(应为:自取消星级之日起一年后,方可重新申请星级评定)　4.×(应为:3 年)　5.×(应为:评定星级时应注重对饭店住宿产品进行重点评价)　6.×(应为:24 h)　7.×(应为:特许经营)　8.√　9.√　10.√　11.√　12.×(应为:朝向)　13.×(应为:长方形)　14.√　15.√　16.√　17.√　18.√　19.√　20.×(应为:右侧)　21.√　22.√　23.√　24.√　25.√　26.√　27.√　28.√　29.×(应为:东江盐焗鸡是粤菜的代表菜)　30.√　31.√　32.√　33.√　34.×(应为:不能直接上菜)　35.√　36.√　37.√　38.√　39.√　40.√　41.×(应为:只有法国干邑地区出产的品质上佳的白兰地才可以成为……)　42.√　43.√　44.√　45.×(应为:阿拉比卡)　46.√　47.×(应为:不印价格)　48.√　49.√　50.×(应为:3 次)　51.√　52.×(应为:小于法式服务)　53.√　54.√　55.√　56.√　57.×(应为:曲奇饼干或巧克力)　58.√　59.√　60.√　61.√　62.√　63.√　64.√　65.√　66.√　67.√　68.√　69.√　70.√　71.√　72.×(应为:越大)　73.×(应为:四星级饭店应 18 h 提供送餐服务)　74.√　75.√　76.×(应为:应做到常态化、制度化和系统化)　77.×(应为:正常情况下应在 3 min 内完成)　78.×(应为:四、五星级饭店)　79.√　80.√　81.√　82.√　83.√　84.√　85.√　86.×　87.√　88.×　89.×　90.×　91.√　92.×　93.×　94.×　95.√　96.√

简答题参考答案：

1.(1)历史悠久。

(2)原料广博。

(3)菜品繁多。

(4)选料讲究。

(5)配料巧妙。

(6)刀工精湛。

(7)善于调味。

(8)注重火候。

(9)技法多样。

(10)讲究盛器。

2.(1)问候语、报上餐厅名字、乐于为客人提供帮助。

(2)询问宾客姓名、人数、时间、电话、特别要求。

(3)用客姓称呼客人、复述客人来电的内容,感谢客人的来电。

(4)记录并作好后续安排。

3.(1)开餐前做好餐厅的环境卫生工作,以符合卫生要求。

(2)按早餐摆台要求摆台,桌椅横竖对齐。

(3)准备好各种早餐所需用具。

（4）检查台面上的调味品，各种调味品瓶口无污迹，分量符合要求。

（5）仪容仪表检查。

4.（1）白度或明度高。

（2）透光度高。

（3）釉面质量平整光滑，光泽度高。

（4）无变形或极轻微的变形，装饰精美。

（5）具有能满足实用要求的理化性能。

（6）根据菜式要求成套配置。

5.（1）首先了解客人有无特别要求。

（2）点菜时应主动介绍菜式的特点，帮助宾客挑选本餐厅的特色菜，特别是厨师当天推荐的创新菜、时令菜、特价菜;点菜完毕后，应复述给宾客听，并询问是否有错漏等。

（3）主动向宾客推销酒品、饮料。

（4）入厨单应迅速准确，遇到特殊宾客要求要加以注明，必要时与生产部门交代沟通。

6.（1）宾客离座后，服务员应及时检查是否有尚未熄灭的烟头，是否有遗留物品。

（2）收拾餐桌，先整理好餐椅，然后收席巾、香巾，最后收水杯、酒杯及其他餐具。

（3）重新布置餐桌，等候迎接下一批宾客。

7.（1）餐前饮开胃酒，如味美思、比特酒或鸡尾酒等。

（2）喝汤一般不饮酒或配饮较深色的雪利酒等。

（3）进食海鲜类或口味清淡的菜肴时，配饮白葡萄酒。

（4）进食牛排、羊排、猪排等时则配饮红葡萄酒;进食火鸡、野味等菜肴时，配饮玫瑰红葡萄酒或红葡萄酒。

（5）奶酪——配饮甜葡萄酒，或继续饮用主菜酒类。

（6）甜点——配饮甜葡萄酒、雪利酒或利口酒。

（7）餐后——配饮甜酒或甜鸡尾酒，如利口酒、钵酒等。

（8）玫瑰葡萄酒、香槟酒可搭配任何西菜。

8.（1）宴会的文化趋势。

（2）宴会的节俭化趋势。

（3）宴会的营养化趋势。

（4）宴会的大众化趋势。

（5）宴会的特色化趋势。

9.（1）宾客导向意识。

（2）立意清晰，突出主题。

（3）科学选择场景。

（4）合理布置场地。

（5）注意环境点缀。

10.（1）知宴请规模。

（2）知宴会标准。

（3）知开餐时间。

（4）知菜单内容。

（5）知宾主情况。

（6）知收费办法。

（7）知宴请主题。

（8）知主办地点。

11.（1）了解宾客风俗习惯。

（2）了解宾客进餐方式。

（3）了解宾客特殊需求和爱好。

（4）对于规格较高的宴会，还应掌握：宴会的目的和性质，有无席次表、座次卡，有无音乐或文艺表演，有无司机费用。

12.（1）与宴会的主题相符。

（2）与宴会的进程相一致。

（3）符合与宴者的欣赏水平。

（4）与宴会的环境气氛相协调，注意民族特色和地方特色等。

13.（1）对宾客礼貌、热情、亲切、友好，一视同仁。

（2）密切关注并尽量满足宾客的需求，高效率地完成对客服务。

（3）遵守国家法律法规，保护宾客的合法权益。

（4）尊重宾客的信仰与风俗习惯，不损害民族尊严。

14.（1）星级饭店应取得消防等方面的安全许可，确保消防设施的完好和有效运行。

（2）水、电、气、油、压力容器、管线等设施设备应安全有效运行。

（3）应严格执行安全管理防控制度，确保安全监控设备的有效运行及人员的责任到位。

（4）应注重食品加工流程的卫生管理，保证食品安全。

（5）应制订和完善地震、火灾、食品卫生、公共卫生、治安事件、设施设备突发故障等各项突发事件的应急预案。

15.（1）服务操作时，注意轻拿轻放，严防打碎餐具和碰翻酒瓶、酒杯。

（2）宴会期间，严禁两个服务员在宾客的左右两边同时服务。

（3）宴会服务应注意节奏，以主桌宾客进餐速度为标准。

（4）当宾、主致辞，或举行国宴演奏国歌时，服务员应停止一切操作，迅速退至工作台两侧肃立，姿势端正，排列整齐，保持安静，切忌发出响声。

(5)席间若有宾客突感身体不适,应立即向上级汇报;将食物原样保存,留待化验。

16.(1)凡是吃过冷菜换吃热菜时。

(2)凡装过鱼腥味食物的骨碟,再吃其他类型菜肴时。

(3)凡吃甜菜、甜点、甜汤之前;食用风味特殊、调味特别的菜肴时。

(4)食用汁芡各异、味道有别的菜肴时。

(5)出现骨碟洒落酒水、饮料时。

(6)骨碟上有杂物时。

17.(1)分鱼前,应备好餐碟、刀、叉、勺。

(2)将要分的整形鱼向客人先展示后,方可进行分鱼服务。

(3)餐刀、叉、勺使用手法得当,不得在操作中发出声响。

(4)做到汤汁不滴不洒,保持盛器四周清洁卫生。

(5)操作动作干净利落。

(6)鱼骨剔出后头尾相连,完整不断,鱼肉去骨后完整美观。

(7)分鱼装碟数量均匀准确。

18.(1)全方位的管理。

(2)全过程的管理。

(3)全员参与的管理。

(4)方法多种多样的管理等。

19.(1)煮沸消毒法。

(2)蒸汽消毒法。

(3)高锰酸钾溶液消毒法。

(4)漂白粉溶液消毒法。

(5)红外线消毒法。

(6)"84"消毒液消毒法等。

20.(1)绿色旅游饭店是一种新的理念,它要求饭店将环境管理融入饭店经营管理中,以保护为出发点,调整饭店的发展战略、经营理念、管理模式、服务方式,实施清洁生产。

(2)提供符合人体安全、健康要求的产品,并引导社会公众的节约和环境意识、改变传统的消费观念、倡导绿色消费。

(3)它的实质是为饭店宾客提供符合环保要求的、高质量的产品,同时,在经营过程中节约能源、资源,减少排放,预防环境污染,不断提高产品质量。

21.(1)托盘。

(2)餐巾折花。

(3)摆台。

（4）斟酒。

（5）上菜与分菜。

（6）餐厅结账。

（7）其他服务技能,如迎宾、撤换空盘等。

22.（1）上带壳的菜肴须跟上热毛巾和洗手盅,有配料、佐料的菜先上配料、佐料,再上正菜。

（2）上拔丝菜应跟上凉开水。

（3）上易变形的炸、爆、炒菜肴,一出锅须立即上桌。

（4）上铁板类、锅巴类等有声响的菜肴,应一出锅即以最快的速度上桌,随即把汤汁浇在菜上,使之发出声响。

（5）上原盅炖品菜,应上桌后在客人面前再揭盖,揭盖时翻转移开。

（6）上泥包、纸包、荷叶包的菜,如叫化鸡等,要先上桌让客人观赏后,再拿到边桌上当着客人的面打破或启封,以保持菜肴的香味和特色。

23.（1）针对不同团体餐进行用餐环境的布置,并注意区域分隔。

（2）根据不同的用餐形式进行服务,团体餐的用餐形式有合食、分食两种。

（3）团体餐中对酒水有数量控制,对客人超标的酒水要求应予以满足,但应在下单前礼貌地解释差价现付。

（4）针对不同团队的特点和具体要求,应事先了解并尽量予以满足。

（5）会议团队一般按事先安排的日程进行集体活动,所以一到就餐时间,客人就集中进餐。因此服务员应提前 15 min 上冷盘,并按规范摆放。

（6）由于旅游团抵、离和外出活动时间很难准确把握,因此要与包餐单位、陪同及时联系,并准备充分,使客人进入餐厅就能快速用餐,注意保持饭菜的热度。

（7）事先了解结账方式。

24.（1）当发现烟灰缸里有两个烟蒂或其他杂物时,服务员应立即为客人撤换烟灰缸。

（2）若用专用烟灰缸盖,服务员应先用托盘托上干净的烟灰缸和专用烟灰缸盖,在撤换烟灰缸时,先用专用烟灰缸盖盖住脏烟灰缸,将带盖的脏烟灰缸用右手拿起来放进托盘里,将干净的烟灰缸摆回到餐桌上,脏烟灰缸及盖立即拿走。

（3）若无专用烟灰缸盖,服务员应先用托盘托上干净的烟灰缸,在撤换烟灰缸时,用右手将干净的烟灰缸倒扣或正放在脏的烟灰缸上,将干净的烟灰缸及脏的烟灰缸同时用右手拿起来放进托盘里,然后再将干净的烟灰缸摆回到餐桌上,脏的烟灰缸立即拿走。

（4）服务员在撤换烟灰缸时应尽量不打扰客人。

25.（1）确保洁净、优雅的就餐环境。

(2)广泛组织客源,扩大产品销售,提高回头客比例,培养忠诚顾客。

(3)保持并不断提高菜肴质量,不断更新品种。

(4)加强食品原料的采购、储藏管理及食品卫生与安全管理。

(5)做好餐饮成本控制工作,加强部门物资、财产管理。

(6)严格餐厅销售服务管理,提高服务质量。

(7)合理组织人力,提高工作效率。

26.(1)市场需求。

(2)食物的花色品种。

(3)食品原料供应情况。

(4)使用时限。

(5)餐饮工作人员的能力。

(6)餐饮设备设施。

(7)食品原料成本及菜肴盈利能力。

27.(1)熟悉每种结账方式的程序和要点。

(2)服务员应在客人结账前预先准备好账单,检查账单确保准确,放在干净、完好的账单夹里。

(3)在客人提出结账后 3 min 内在客人右边呈上账单。

(4)注意中西方结账习惯的细节差异,如西方客人不习惯唱收唱付,有时会分开付账等。若分开付账,则应按女士优先的原则准确为每位客人结账。

(5)按不同的结账方式为客人结账。

(6)客人结账时提出要发票的,结账时一并为客人提供发票。

28.(1)遵守饭店的仪容仪表规范,端庄、大方、整洁。

(2)着工装、佩工牌上岗。

(3)服务过程中表情自然、亲切、热情适度,提倡微笑服务。

29.(1)语言文明、简洁、清晰,符合礼仪规范。

(2)站、坐、行姿符合各岗位的规范与要求,主动服务,有职业风范。

(3)以协调适宜的自然语言和身体语言对客服务,使宾客感到尊重、舒适。

(4)对宾客提出的问题应予耐心解释,不推诿和应付。

30.(1)住宿经营者应当按照旅游服务合同的约定为团队旅游者提供住宿服务。

(2)住宿经营者未能按照旅游服务合同提供服务的,应当为旅游者提供不低于原定标准的住宿服务,增加的费用由住宿经营者承担。

(3)但由于不可抗力、政府因公共利益需要采取措施造成不能提供服务的,住宿经营者应当协助安排旅游者住宿。

31.(1)考勤,检查仪容仪表。

(2)当餐的特色菜推荐及今日短缺。

（3）总结上一餐的工作经验。

（4）工作安排。

（5）注意事项及当餐预订情况、VIP 接待等。

32.（1）法式服务。

（2）俄式服务。

（3）美式服务。

（4）英式服务。

（5）大陆式（综合性）服务。

33.（1）重物、较高的物品摆在托盘里档,轻物、低矮物放在外档。

（2）先取用先上桌的物品在上、在前,后取用后上桌的物品在下、在后。

（3）盘内的物品要重量分布均衡,摆放整齐、紧凑。

34.（1）能使产品的分量、成本和质量始终保持一致。

（2）所有厨师等生产人员只需按食谱规定的制作方法加工产品,从而减少管理人员现场监督管理的工作量。

（3）便于生产管理人员根据菜谱安排生产计划。

（4）保证所有厨师能烹制出符合质量要求的产品。

（5）便于管理人员对厨师的调配使用。

35.（1）认真倾听客人的投诉。

（2）记录要点。

（3）弄清客人诉求。

（4）向客人表示歉意。

（5）提出处理方案,征求客人意见。

（6）向有关部门通报并跟进处理情况,监督、检查有关工作的完成情况。

（7）向客人反馈处理结果,再次征求客人意见。

（8）存档备查。

36.（1）应随时掌握餐厅座位的使用情况,座位安排应尽可能分布均匀。

（2）坚持先到先服务原则,适时照顾老人、儿童、女士。

（3）可根据不同客人的特点安排餐桌:一般一张餐桌只安排同一批客人就座,并按照一批客人的人数安排合适的餐桌;吵吵嚷嚷的大批客人,应当安排在餐厅的包房或餐厅靠里面的地方,以免干扰其他客人;老年人或残疾人尽可能安排在靠餐厅门口的地方,可避免多走动;服饰漂亮的客人可渲染餐厅的气氛,应将其安排在餐厅中引人注目的地方。

37.（1）餐前准备。

（2）检查核对。

（3）送餐至客房。

(4)房内用餐服务。

(5)结账。

(6)道别。

(7)收餐。

(8)结束工作。

38.(1)S——Smile(微笑):服务员应对每一位宾客提供微笑服务。

(2)E——Excellent(出色):服务员将每一服务程序,每一微小服务工作都做得很出色。

(3)R——Ready(准备好):服务员应随时准备好为宾客服务。

(4)V——Viewing(看待):服务员应将每一位宾客看作需要提供优质服务的贵宾。

(5)I——Inviting(邀请):每一次接待服务结束,诚意和敬意,主动邀请宾客再次光临。

(6)C——Creating(创造):每一位服务员应想方设法精心创造出使宾客能享受其热情服务的氛围。

(7)E——Eye(眼光):每一位服务员始终应以热情友好的眼光关注宾客,适应宾客心理,预测宾客要求,及时提供有效的服务,使宾客时刻感受到服务员在关心自己。

39.(1)掌握宴会情况。

(2)场景布置。

(3)宴会菜单设计。

(4)台面设计。

(5)宴会服务设计。

(6)人员安排。

(7)彩排。

40.(1)遵循女士优先、先宾后主的服务原则。

(2)宴会厅全场撤盘、上菜时机应一致;多桌时,以主桌为准。

(3)在上每一道菜之前,应先撤去上一道菜肴的餐具,斟好相应的酒水,再上菜。

(4)如餐桌上的餐具已用完,应先摆好相应的餐具,再上菜。

(5)在撤、摆餐具时,动作要轻稳利索。

41.(1)语言能力。

(2)应变能力。

(3)推销能力。

(4)技术能力。

(5)观察能力。

(6)记忆能力。

　　(7)自律能力。

　　(8)服从与协作能力。

42.(1)干型葡萄酒,含糖量在 0.5% 以下。

　　(2)半干性葡萄酒,含糖量在 0.5% ~1.2%。

　　(3)半甜型葡萄酒,含糖量在 1.2% ~5%。

　　(4)甜型葡萄酒,含糖量在 5% 以上。

43.(1)苏格兰威士忌。

　　(2)爱尔兰威士忌。

　　(3)加拿大威士忌。

　　(4)美国威士忌。

44.(1)引领服务。

　　(2)休息室鸡尾酒服务。

　　(3)拉椅让座。

　　(4)上头盘。

　　(5)上汤。

　　(6)上鱼类菜肴。

　　(7)上肉类菜肴。

　　(8)上甜点。

　　(9)饮料服务。

　　(10)送客服务。

　　(11)结束工作。

45.餐厅是通过出售菜肴、酒水及相关服务来满足客人饮食需求的场所。

具备的条件有:(1)具备一定的场所。

　　　　　　　(2)能够为客人提供菜肴、饮料服务。

　　　　　　　(3)以盈利为目的。

应变题参考答案:

1.(1)礼貌地向客人问好。

　　(2)详细了解并记录客人的要求和基本情况。

　　(3)接受预订后要重复客人电话的主要内容。

　　(4)告知客人预订保留时间。

　　(5)如不能满足客人预订要求则请客人谅解。

　　(6)向客人表示欢迎和感谢。

2.(1)礼貌地告诉客人餐厅已客满,并征询客人是否先到候餐处等待。

　　(2)迎宾员要做好候餐客人的登记,请客人看菜单,并提供茶水服务。

(3)在了解餐厅用餐情况后,要告诉客人大约等待的时间,并时常给客人以问候。

(4)一旦有空位,应按先来后到的原则带客人入座。

(5)如果客人不愿等候,建议客人在本饭店其他餐厅用餐或向客人表示歉意,并希望客人再次光临。

3.(1)客人中有儿童应热情帮忙摆放儿童椅。

(2)要注意儿童的心理特点,最重要的是把菜肴尽快给他们。

(3)服务上要注意儿童餐桌上的餐具和热水,把易碎的物品挪至小孩够不着的地方,以防止对小孩的损伤和物品的损坏。

(4)给儿童的饮品要用短身的杯子和弯曲的吸管。

(5)上菜时要注意避开儿童的位置。

(6)无烟区在偏僻角落。

(7)提供儿童菜单等。

4.(1)马上与宴会营业部联系,查明客人是否取消宴会或推迟赴宴。

(2)若是宴会延迟,立即通知厨房。

(3)若是宴会取消,按宴会合同进行处理。

5.(1)将客人安排在靠近餐厅门口的地方就餐,以方便客人离开。

(2)应急客人之所急,介绍一些制作简单的菜式,并在订单上注明情况,要求厨房、传菜配合,请厨师先做。

(3)在各项服务上都应快捷、尽量满足客人要求,及时为客人添加饮料,撤换餐盘。

(4)预先备好账单,缩短客人结账时间。

6.(1)站在主人的右侧或适当的位置。

(2)根据客人所点菜品为客人推荐合适的酒水。

(3)介绍酒水品种时,中间应有所停顿,让客人有考虑和选择的机会。

(4)准确记录客人所点酒水的种类、数量,要重复一遍,以确认。

(5)礼貌地请客人稍候,并尽快为客人呈上酒水。

7.(1)应准备一套冰桶,加四成冰块,再加水至冰桶八成满。

(2)把所点的酒水斜放在冰桶里,商标朝上。

(3)如客人事先预订,要事先冰镇好酒水待用。

(4)是否需要冰镇,提前征求客人意见。

8.(1)征询客人意见,将桌上快吃完的菜分给客人。

(2)征求客人意见,将桌上快吃完的菜换成小碟盛装。

(3)征求客人意见,将先上的菜放到服务桌上(视进餐情况再摆上桌),腾出空位上菜。

(4)与厨房协调,控制出菜节奏。

9.(1)在主宾、主人离席讲话前,要先斟好主台每位宾客的酒水。

（2）在主宾、主人离席讲话时，服务员准备好祝酒的酒水，放在托盘上，站立在一侧。

（3）主宾或主人讲话结束时迅速奉上，以便其举杯敬酒。

10.（1）保持镇定。

（2）报告上级。

（3）食物留样。

（4）保管客人随身物品。

（5）安抚其他客人。

（6）随时遵从上级指示。

11.（1）先检查点菜单，了解原因。

（2）如果不是点菜的问题，到厨房了解是否正在烹调。若在烹调，回复客人稍候，并告诉客人出菜的准确时间；若未烹调，通知厨房停止烹调，向上级汇报，按餐厅管理权限取消菜肴。

（3）为避免类似情况再次发生，点菜时对于烹调时间较长的菜式，应事先告知。

12.（1）应尊重、关心、体贴和照顾。

（2）当他们到达餐厅时，应立即上前搀扶，帮助放妥手杖及携带的物品。

（3）如客人以轮椅代步，要安排在方便出入和靠墙的位置就座。

（4）盲人入座后，服务员要主动读菜单帮助其点菜。

（5）尽量满足客人的需要。

13.（1）对客人的要求，要尽量满足。

（2）通知传菜部了解原菜式是否烹调，若已烹调，应婉言回绝客人，并征求客人意见是否需要加菜。

（3）若未烹调，应马上按客人的要求重新填写点菜单交厨房，并按餐厅管理权限取消菜肴，并通知餐厅经理取消原菜式。

14.（1）当在场客人告诉服务员有物品遗失时，服务员要首先报告给当值主管。

（2）当值主管应立即对现场客人和环境给予了解。

（3）通知饭店保安人员，共同商讨相关事宜，以求和平解决。

（4）如果事态严重且协商达不到一致，或查不出结果，应当上报公安机关作出最后处理意见。

15.（1）为预防此类情况发生，值台服务员应密切关注所负责区域内客人的动向。

（2）将"对"让给客人。

（3）一旦发现未付账的客人离开餐厅时，服务员应马上追上前有礼貌地小声把情况说明，请客人补付餐费。

（4）如果客人与朋友在一起，应请客人站到一边，再将情况说明，以免使客人感到难堪。

(5)整个过程要注意礼貌,避免客人反感而不承认,给工作带来更大的麻烦。

16. (1)提供帮助,视情况进行应对。

(2)细心询问客人有无摔伤或碰损,若不严重,应主动上前扶起,安置客人暂时休息。

(3)若严重,则应立即汇报管理人员,马上与医院联系,按照规定的管理权限采取措施。

(4)事后检查原因,及时汇报,引以为鉴,作好登记,以备查询并归档。

17. (1)服务员应及时用干净餐巾或纸巾吸干酒渍,再用干净餐巾铺在有酒渍的台布上,换上酒杯并迅速斟酒。

(2)若酒杯破碎,要马上清理桌上、椅上、地面上的碎片,以确保客人的安全。

(3)必要时要同客人讲"岁岁(碎)平安"等有吉祥意头的语言。

18. (1)应虚心听取客人的意见。

(2)如果因为烹制的火候不足或加热不当造成不熟,应向客人致歉,征得客人同意后更换一份,并请客人原谅。

(3)如果是客人不了解菜肴而误以为菜肴不熟,应礼貌地说明菜肴的风味特点、烹制方法和食用方法等,使客人消除顾虑。同时要照顾到客人的自尊心,不要引起客人的不满和误解。

(4)在处理过程中,应态度和善真诚,语言清晰自然,避免让客人尴尬的语言出现。

19. (1)应立即向客人道歉,迅速清理并用干净的餐巾垫在餐台上,以免影响客人继续用餐。

(2)如果因服务员操作不当将汤汁溢洒在客人的衣物上,应向客人道歉,同时在征得客人同意的情况下,及时用干净的毛巾为客人擦拭衣物(男服务员不宜为女宾客擦拭),并按照规定的管理权限主动提出为客人提供免费洗涤服务。

(3)如果是因为客人自己不小心溢洒在衣物上,服务员也应该立即主动为客人提供帮助,擦拭衣物(男服务员不宜为女宾客擦拭),并安慰客人,根据客人的要求为客人推荐洗涤服务。

20. (1)熟悉不同宗教的餐饮禁忌和礼节。

(2)通过察言观色、多种途径了解客人信奉的是哪种宗教,有什么忌讳(佛教徒食素、伊斯兰教徒不食猪肉、印度教徒不食牛肉等)。

(3)在点菜单上要特别注明,交代厨师用料时不可冒犯客人的忌讳并注意烹饪用具与厨具的清洁。

(4)上菜前还要认真检查一下,以免搞错。

(5)不要议论客人,不要交头接耳让客人产生误解。

21. (1)根据客人的要求,提供相应的饮品及数量。

（2）在服务中应注意不要浪费饮品，保留饮料罐。

（3）若客人需要的饮品种类超出负责人的指定控制范围，服务员应用语言艺术婉转回绝客人，同时推荐控制范围内的品种。

（4）若饮品数量有可能超出控制标准，应征求负责人的意见，再进行相应处理。

22.（1）在餐厅营业时间内，某种食物售罄，这时，厨房要通知传菜领班，传菜领班应马上写在售罄食物通告板上，并告知餐厅经理或餐厅领班。

（2）若此时还发现入厨单上有此类卖完的菜，应立即通知餐厅经理或领班出面向客人解释和致歉。

（3）营业时间内，各员工都应经常注意售罄食物通告板上的项目。

（4）当客人点菜时点到已售罄的食物，应向客人解释，并推荐类似的菜肴。

23.（1）应视增加人数的多少，摆上相应的餐具、座椅。

（2）若原厅房无法容纳，应立即转到合适的空宴会厅。

（3）若无空厅房，建议将部分客人安排到餐厅比较清静的角落，由专人服务。

（4）征得客人同意后，给予调整。

（5）根据客人增加的人数，调整菜肴数量和金额，并作好客人的参谋，及时下单。

24.（1）原则：不能催客，不能提前下班。

（2）更加注意对客人的服务，在整理餐具时要轻拿轻放，不可发出响声。

（3）应在结束营业前 30 min 询问客人是否还需要点菜。

（4）不可用关灯、吸尘、收拾餐具等形式来催促客人，应留下专人为客人服务。

（5）可以准备下一餐的用具物品。

25.（1）细心听取客人的看法，明确客人所要的是什么样的菜。

（2）若是因服务员在客人点菜时理解错误或未听清而造成的，应马上为客人重新做一道他满意的菜，并向客人道歉。

（3）若是因客人没讲清楚或对菜理解错误而造成的，服务员应该耐心地向客人解释该菜的制作方法及菜名的来源，取得客人的理解。

（4）由餐厅经理出面，以给客人一定折扣的形式弥补客人的不快。

26.（1）菜品加价，应及时调整菜单。

（2）餐厅的熟客经常到餐厅光顾，各供应品种的价钱多少，他们往往了如指掌，服务员接待这类客人时可事先告知该食品要加价，先把工作做在前面。

（3）如果客人在吃完后才发现食品加价，并很有意见，服务员要诚恳地向其道歉，并承认忘记告诉他该食品已加价。

（4）请示主管或经理，是否先按未加价的价格收款或加收所增加金额的一半，下一顿再按现价付。

（5）要使熟客觉得餐厅处处都在关心他，照顾他，从而使他更喜欢到本餐厅用膳。

27.（1）应马上与客人一同迅速核查所上的菜肴、酒水和其他收费项目。

(2)如果因为工作失误造成差错,员工应立即表示歉意,并及时修改账单。

(3)如果是因为客人不熟悉收费标准或算错账目,则应小声向客人解释,态度要诚恳,语言友善,不使客人感到尴尬或难堪。

(4)宴会服务应杜绝出现因账目问题而引起的纠纷或客人投诉,确保账目准确无误。

28.(1)对于客人在餐厅内饮酒过度醉酒时,要有礼貌地谢绝客人的无理要求,并停止提供含酒精成分的饮料,可以用果汁、矿泉水等软饮料。

(2)遇到困难时,可以请该宴会同来的其他客人帮助,并提供协助。

(3)如有呕吐,应立即清理污物,送上小毛巾和热茶,不可显出不悦的表情。

29.(1)首先要镇定,不能慌乱,要第一时间安抚客人。

(2)立即向工程部了解停电原因。

(3)若为市政停电,应着手启用餐厅备用照明器材,如蜡烛、应急灯、手电筒等,让客人减少心中的恐惧感,直到饭店备用发电机提供照明。

(4)如果事态严重,应听从管理人员指示,安排客人有序离场,并致歉。

30.(1)保持镇定,若为小火,立即采取措施扑灭。

(2)若为大火,立即报告总机。

(3)大声告知客人不要惊慌,听从工作人员指挥,组织客人从安全通道疏散到安全区域,不能乘电梯。

(4)如有浓烟,协助客人用湿毛巾捂住口鼻,弯腰行进。

(5)开门前,先用手摸门是否有热度,不要轻易打开任何一扇门,以免引火烧身。

(6)疏散到安全区域后,不可擅自离开。

(7)收银员应尽量保护钱款和账单的安全,以减少损失。

31.(1)餐厅有所规定不允许零点餐客人自带酒水。

(2)如零点餐客人自带酒水,服务员应耐心向客人解释其规章制度,并向客人道歉。

(3)一些团体、宴会用餐的客人可以自带酒水,但服务员应向客人说明自备酒水餐厅要收取10%的服务费,耐心解释并道歉。

32.(1)值台员非常耐心地把醉酒客人扶到休息室休息。

(2)为客人送茶水喝醒酒汤。

(3)如客人醉得厉害,在单身一人的情况下,派服务员在旁边守候,直到客人清醒。

(4)如有陪同可协助陪同送客人上车。

(二)行业试题参考答案

判断题答案:

1.√ 2.× 3.√ 4.× 5.√ 6.× 7.√ 8.√ 9.× 10.√ 11.√ 12.×

13. ×　14. ×　15. ×　16. √　17. ×　18. ×　19. √　20. √　21. √　22. √　23. ×
24. ×　25. √　26. √　27. √　28. √　29. √　30. ×　31. √　32. √　33. ×　34. √
35. √　36. √　37. √　38. ×　39. ×　40. √　41. ×　42. √　43. √　44. ×　45. √
46. √　47. ×　48. ×　49. ×　50. √

单选题参考答案：

1. C　2. A　3. C　4. D　5. A　6. D　7. C　8. B　9. B　10. A　11. B　12. D　13. A
14. B　15. A　16. D　17. C　18. B　19. C　20. B　21. D　22. B　23. C　24. B　25. D
26. D　27. C　28. B　29. B

多选题参考答案：

1. ACD　2. AB　3. ABCDE　4. ABCD　5. ABE　6. ABE　7. ABC　8. AB　9. BCDE
10. ABCD

★ 中餐宴会摆台专业英语测试参考答案

(一)情境应答参考答案

1. I have to know the time for reservation, the number of guests, the name of the guest, his telephone number and so on.

2. May I confirm your reservation, sir/madam?

3. I have to know the date and time for the reservation, how many persons, and if there is any special requirement.

4. I would tell the guest the business hours of the restaurant, the specialty, the popular dishes, the taste and so on.

5. The breakfast is served from 6:00 am to 10:00 am.

6. We're open from 8:30 am. to 10:00 pm.

7. We serve cocktails in the lobby bar.

8. Welcome to our restaurant. Do you have a reservation?

9. I have to find out whether the guest has a reservation or not.

10. I'm afraid all our tables are taken. Would you mind waiting?

11. I would say "we are very sorry, but there is no seat available at the moment. Could you please just wait for a moment?"

12. Wait a moment, please. We will have you seated as soon as we get a free table.

13. I'm sorry, sir. That table has been reserved, but would you like to have the table over there?

14. Excuse me. Would you mind sharing a table with the guests over there?

15. I should offer the menu and the wine list.

16. I would say sorry to him and tell him where to go to have Chinese food.

17. May I take your order now?

18. Here is the menu, are you ready to order now?

19. May I recommend…? / How about…? / Why not try our…? / Would you like to try?

20. I need to repeat all his orders to confirm the orders with the guest.

21. Please wait a minute, we'll bring them immediately….

22. I am sorry it has been sold out, but would you like to try…

23. Sorry sir. This is not available in our restaurant. But can I suggest some…

24. Would you like to try our house specialty? It's very popular among our guests.

25. Mapo Tofu is spicy bean curd, it is a classical Chinese dish.

26. May I repeat your order now?

27. How would the guest like it done: well done or rare.

28. Is there anything else you would like to have?

29. That should be all you ordered. Enjoy your meal.

30. I am sorry, smoking is not allowed here, but you can smoke in the smoking area.)

31. I would go to him and politely tell him that this is a non-smoking area and ask him to smoke in the smoking area.

32. I'm sorry to have kept you waiting.

33. say: "I'm awfully sorry. There must have been some mistakes." and then change it immediately.

34. Is everything to your satisfaction? / How was everything?

35. Would you like black coffee or white coffee? / Would you like your coffee with cream or milk?

36. Would you like to try our special drinks?

37. How would you like your steak, medium, medium well or well-done?

38. Excuse me, may I remove your plate?

39. Sorry to have kept you waiting so long.

40. I would apologize to the guest, find out the reason, and change the dish or give him discount according to the situation.

41. I would ask the guest whether he has enjoyed the dinner or whether there is anything the hotel can do to improve.

42. I would tell him that I am working. So I'm not supposed to accept the guest's invitation. But I would thank him all the same.

43. Would you please sign the bill, sir/madam?

44. Thank you for your having chosen our restaurant and have a good time staying in our restaurant.

45. I would suggest him to have his bills paid in the night in case there is hurry in the morning.

46. I would go and politely tell him that he has forgotten to pay his bill.

47. I must ask the guest to show his room card.

48. How would you like to pay, sir?

49. Thank you for your coming. / We are looking forward to serving you again.

50. I will check it with the guest carefully. If there is a mistake, I must make an apology to the guest, and then bring the bill to the cashier's desk to correct it.

(二)英译中参考答案

1. 请问您预订几点的餐位?

2. 请稍等,我来为您查看是否有空位。

3. 让我来查一下是否有空位。

4. 恐怕那时间的餐位已经订满了。

5. 非常抱歉,餐厅已经客满了。

6. 您能否换个时间?

7. 您几点光临呢?

8. 我想要张能看见江景的餐台。

9. 你们几点打烊。

10. 请给我们 5 个人准备 500 元的菜单。

11. 我们期待着您的光临。

12. 请问有预订吗?

13. 一共几位? / 一位?

14. 请问以谁的名义预订的?

15. 我来为您领位。

16. 您先在那边坐下来等好吗?

17. 因为你没按照预订的时间来,所以我们将座位安排给另一位客人了。

18. 先生,很抱歉。现在没有空位了。

19. 请问要坐靠窗吗?

20. 这个座位可以吗?

21. 恐怕满座了。

22. 请问愿意和别人共用一桌吗?

23. 请问介意等候吗?

24. 请您这边走。

25. 您愿意坐在哪儿?

26. 这张桌子离卫生间太近了,能给我们换一张吗?

27. 我们餐厅现在没有空位了。大约 20 分钟后我们可以安排您入座。

28. 这是菜单。请您慢慢看,待会儿服务员会来帮您写菜单。

29. 女士,可以点餐了吗?

30. 准备好点餐了吗,先生?

31. 可以点餐了吗?

32. 今晚想吃点什么?

33. 今天喝点什么?

34. 想要点甜点吗?

35. 想要牛肉烤几成熟?

36. 抱歉,我们这儿没有麻婆豆腐,要不要尝尝红烧茄子?

37. 非常抱歉,没有了。

38. 很对不起,先生。今天的海鲜卖完了,你们可以品尝一下黄油面包培根。

39. 我们想要几个有中国特色的好菜。

40. 你们的特色菜是什么?

41. 你们这有什么凉菜?

42. 恐怕我们餐厅没有这道菜。我能给您推荐别的菜吗?

43. 先生,我能重复一遍您点的菜吗?

44. 我们赶时间,请催一下我们的菜。

45. 您对饮食有什么特别的要求吗?

46. 您是选择套餐,还是零点呢?

47. 我们有自助式和点菜式,您喜欢哪一种?

48. 我们有特殊食谱,可以满足不同的餐饮需要。

49. 我们有许多素菜可供选择。

50. 我们对中国菜不太熟悉,你能不能给推荐一下?

51. 我们有粤菜、川菜、沪菜和京菜,您喜欢哪一种呢?

52. 您喜欢哪种口味,是甜的还是辛辣的?

53. 一般来说,粤菜比较清淡,川菜浓烈而辛辣,沪菜比较油,而京菜较香而咸。

54. 粤菜可能会适合您的口味。

55. 您想尝尝我们的招牌菜吗?

56. 您喜欢我们怎样做您点的鸡蛋/咖啡/牛扒?

57. 您点的煎蛋是不是只煎一面,蛋黄朝上?

58. 您喜欢扎啤还是瓶装啤酒?

59. 这种酒我们只按瓶出售。那瓶怎么样? 我们可以按杯出售。

60. 先生,请问是否要加冰?

61. 它非常受欢迎。

62. 它是按打卖的。

63. 今天的特价菜是什么?

64. 今天的特价菜是麻婆豆腐,有 6 折优惠。

65. 这道菜是怎么做的?

66. 这是怎样的一道菜?

67. 它很酥脆/可口/鲜嫩/清淡/浓烈/辣/香味扑鼻。

68. 这道菜色香味俱全。

69. 它是中国菜的一道有名的佳肴。

70. 您会喜欢它的。

71. 这道菜是供 4 个人用的。

72. 这个已经过季了。

73. 要不要试试我们的自主晚餐呢?

74. 牛肉烧烤可是棒极了。

75. 如果您赶时间,我推荐您……

76. 您喜欢什么牌子的牛奶/啤酒/香烟/葡萄酒/……

77. 服务员很快来为您写菜单。

78. 您是现在上汤呢,还是等会儿?

79. 马上就上菜。

80. 菜来了。

81. 我马上就给您换掉。

82. 恐怕您得多等会儿。

83. 它会刺激你的胃口。

84. 非常抱歉,这就给您把这道菜换掉。

85. 这道菜很烫,请小心。

86. 我可以把这个碟子移到一边去吗?

87. 很抱歉,一定是弄错了。

88. 我马上给您换。

89. 我们期待下次能为您服务。

90. 您对这一切都满意吗?

91. 请问哪位来付账?

92. 这是您的账单,您要不要核对一下?

93. 先生(女士),这是您的账单吗?

94. 您准备怎么付账?

95. 一共是 128 元,请问您付现金还是刷信用卡?

96. 付现金还是记账？

97. 哦，很抱歉，请付现款。

98. 是不是把费用记到您酒店的账上？

99. 您想一起结账还是分开结账？

100. 我们给您 8 折优惠。

（三）中译英参考答案

1. Good morning/afternoon/evening.

2. How are you？ /How do you do？

3. Good-bye！ Welcome again.

4. Mind your step and thank you for coming.

5. Please wait a moment. /Just a moment. /Just a minute.

6. Excuse me. /Beg your pardon. /Please forgive me.

7. Lady，I want to reserve a table for two.

8. Miss，I want to reserve a banqueting hall for tomorrow evening.

9. Do you need a big banqueting hall or small one？

10. Will you have dinner，sir？

11. May I have your first name？

12. Do you have a reservation？

13. For how many？

14. A table for two？

15. I'm sorry that table is already reserved.

16. The Italian restaurant is on the second floor of the hotel.

17. I'm sorry the restaurant is full now.

18. I'm sorry the banqueting hall is full now.

19. Would you mind sitting here？

20. I'm sorry，would you mind sitting the table with that gentleman.

21. Would you mind sitting over there in the corner.

22. You may have a rest in the lounge if you like.

23. Just a moment，please. We will arrange it for you right away.

24. Sorry to have kept you waiting so long.

25. Come with me，please. /follow me，please.

26. Here is menu. Are you ready to order now？

27. Would you like to have Chinese food or European food？

28. The recommendation of the day is…

29. Would you like to have a cold-drinks or hot-drinks?

30. Have a cup of tea, please.

31. Have a piece of napkin, please.

32. We provide Guangdong, BeiJing and Sichuan food, which style do you like.

33. Would you like to try local speciality?

34. What would you like to drink, please?

35. What kinds of tea would you like to drink?

36. Would you like to start with a glass of beer?

37. We have got port, white wine, beer and different kinds of soft beverages.

38. Sorry, we haven't San Miguel beer.

39. Would you like to try Budweiser beer?

40. Sorry, It's sold by the bottle.

41. The wine is 98 yuan a bottle.

42. What do you prefer, tea or coffee?

43. We have green tea, chrysanthemurn tea, eight treasures tea.

44. Do you need any ice-blocks, please?

45. If you're hurry, I'll arrange some fast food for you (Can I arrange a snack for you if time is pressing for you).

46. I'm sorry, the variety is just out of stood (there aren't any left).

47. Our breakfast coupon includes a bowl of rice gruel, two portions of steamed stuffed buns and a plate of dish.

48. Our breakfast supply Cantonese morning tea.

49. Anything special you'd like to have on the menu?

50. Is the potato roast or boiled?

51. How would you like your beef? Rare, medium or well-done, sir?

52. Sir, Roast beef in "Thailand" style is very good. I suggest you to order one.

53. We have vegetables, such as potato, lettuce, cucumber, peking cabbage, string bean and so on.

54. There are various sea-food such as prawn, scallop and bass in the restaurant.

55. The staple food are boiled dumplings, noodles in soup, fried noodles and fried rice in the restaurant.

56. I'm afraid you have ordered too much.

57. All right, I'll have it for you as soon as possible.

58. This fruit plate is offered as a gift in our Restaurant. Please enjoy your lunch.

59. I'm sorry to disturb you. Shall I bring in your food now?

60. Have a pleasant dinner!

61. Please enjoy your lunch (dinner)!

62. Would you like to use chopsticks or knife and fork, sir?

63. Would you like some more rice?

64. I'm sorry. Can I take this plate away?

65. I'm sorry, May I have it changed the small plate?

66. Just a moment, please. I'll clear it right away.

67. Not at all, I'm glad to serve you.

68. I'll speak with the chef right away.

69. Your dish is all here, sir.

70. Would you like fruit and dessert, else?

71. Sorry, I tell the cooker to hurry.

72. Oh, very sorry. It takes quite some time for this dish to prepare.

73. Roast duck may take half an hour.

74. Do you need any staple food?

75. What is your opinion of today's order?

76. If you like to have something else, just feel free to ask. We are always at your service.

77. I'm sorry we'll take measures at once be satisfied you.

78. The duty manager will come here soon.

79. We will answer you as soon as possible.

80. Thanks for your precious opinions.

81. We'll try our best to improve.

82. LongZhong is a place of historical interest in our XF.

83. Ok, I'll get it for you.

84. What can I do for you, sir?

85. Are you come to see anyone, sir?

86. Can you tell me (describe) what happened in details?

87. Oh, at the lobby, Shall I show you to go?

88. I do apologize. Is there anything else I can do for you?

89. I beg your pardon?

90. Can you speak English, sir?

91. We are terribly sorry for any inconvenience caused.

92. Here is your bill, sir (lady)?

93. The total amount is 388 yuan, do you pay the bill by cash or credit card?

94. We don't accept tips, but I'm very grateful to you.

95. Will you pay by credit card or in cash?

96. Oh, I'm sorry, cash only please.

97. Can you tell me your room number?

98. All right, we'll send it to your room right away.

99. Would you please sign here?

100. Here's the receipt and change, keep it, please.

附　录

一、全国职业院校技能大赛中职组 酒店服务赛项"中餐宴会摆台"分赛项规程

（一）赛项名称

中餐宴会摆台

（二）竞赛目的

通过竞赛，检验参赛选手酒店专业操作技能的规范性和熟练性、酒店服务意识、现场问题的分析与处理能力、语言沟通表达能力和卫生安全操作意识，引导中职院校关注现代酒店行业发展趋势和对所需人才的新需求，促进高星级饭店运营与管理等专业开展基于酒店实际工作过程导向的教学改革，加快酒店行业所需的高素质技能型人才的培养。

（三）竞赛方式与内容

中餐宴会摆台分赛项，包含仪容仪表展示、现场操作、专业理论和专业英语口试等内容。

1. 竞赛方式

本赛项为个人赛。

竞赛流程：现场操作（含仪容仪表展示）比赛及专业理论和专业英语口试。

（1）现场比赛：中餐宴会摆台，每组 6 名选手同时进行比赛，内容包括仪容仪表展示、中餐宴会摆台、餐巾折花和拉椅让座。参赛选手按照参赛时段提前 15 min 检录进入比赛场地，按组别向裁判进行仪容仪表展示，时间 1 min。实操赛前准备，准备时间 3 min。实操比赛时间 16 min。每组比赛结束后裁判评分。比赛顺序采取抽签的方式确定。

（2）专业理论和专业英语口试：采用考官与选手问答的形式。每位选手考试时间约为 6 min，专业理论和专业英语各 3 min。选手按抽签序号依次参赛。

2. 竞赛内容

（1）仪容仪表：主要考查选手的仪容仪表是否符合旅游酒店行业的基本要求及岗位要求。

（2）现场操作：主要考查选手操作的熟练性、规范性、实用性、观赏性。

（3）专业理论测试（口试）：主要考查选手的专业理论基础知识、综合分析及服务应对能力。每位选手须回答专业理论 6 道题，其中客观题、简答题、应变题各两道。

（4）专业英语测试（口试）：主要考查选手对客服务英语口语的表达能力，每位选手须回答 6 道题，其中中译英、英译中、情景对话各两道。

（四）竞赛规则

（1）按中餐正式宴会摆台（10人位），根据组委会统一提供设备物品进行操作。

（2）操作时间16 min（比赛结束前3 min两遍提醒选手"离比赛结束还有3 min"；提前完成不加分，每超过30 s，扣总分2分，不足30 s按30 s计，以此类推；超时2 min不予继续比赛，裁判根据选手完成部分进行评判计分。

（3）选手必须佩戴参赛证、号牌提前进入比赛场地，在指定区域按组别向裁判进行仪容仪表展示，时间1 min。

（4）裁判员统一口令"开始准备"进行准备，准备时间3 min。准备就绪后，选手站在工作台前、主人位后侧，举手示意。

（5）选手在裁判员宣布"比赛开始"后开始操作。

（6）比赛开始时，选手站在主人位后侧。比赛中所有操作必须按顺时针方向进行。

（7）所有操作结束后，选手应回到工作台前，举手示意"比赛完毕"。

（8）除台布、装饰布、花瓶和桌号牌可徒手操作外，其他物品均须使用托盘操作。

（9）餐巾准备无任何折痕；餐巾折花花型不限，但须突出正、副主人位花型，整体挺括、和谐、美观。

（10）比赛中允许使用托盘垫。

（11）在拉椅让座之前（铺装饰布、台布时除外），餐椅保持"三三二二"对称摆放，椅面1/2塞进桌面。铺装饰布、台布时，可拉开主人位餐椅。

（12）物品落地每件扣3分，物品碰倒每件扣2分，物品遗漏每件扣1分；逆时针操作扣1分/次。

（13）中餐宴会摆台标准

①摆台的基本要求：餐具图案对正，距离均匀、整齐、美观、清洁大方，为宾客提供一个舒适的就餐位置和一套必需的就餐餐具。

②摆台的顺序和标准

a. 铺装饰布、台布：拉开主人位餐椅，在主人位铺装饰布、台布；装饰布平铺在台布下面，正面朝上，台面平整，下垂均等；台布正面朝上；定位准确，中心线凸缝向上，且对准正、副主人位；台面平整；十字居中，台布四周下垂均等。

b. 餐碟定位：从主人位开始一次性定位摆放餐碟，餐碟边沿距桌边1.5 cm；每个餐碟之间的间隔要相等；相对的餐碟与餐桌中心点三点成一直线；操作要轻松、规范、手法卫生。

c. 摆放汤碗、汤勺（瓷更）和味碟。汤碗摆放在餐碟左上方1 cm处，味碟摆放在餐碟右上方，汤勺放置于汤碗中，勺把朝左，与餐碟平行。汤碗与味碟之间距离的中点对准餐碟的中点，汤碗与味碟、餐碟间相距1 cm。

d. 摆放筷架、银更（长柄勺）、筷子、牙签：筷架摆在餐碟右边，其中点与汤碗、味碟中点在一条直线上；银更筷子搁摆在筷架上，筷尾的右下角距桌沿1.5 cm；牙签位于银更和筷子之间,牙签套正面朝上,底部与银更齐平;筷套正面朝上。筷架距离味碟1 cm。

e.摆放葡萄酒杯、白酒杯、水杯:葡萄酒杯摆放在餐碟正上方(汤碗与味碟之间距离的中点线上);白酒杯摆在葡萄酒杯的右侧,水杯位于葡萄酒杯左侧,杯肚间隔1 cm,三杯杯底中点连线成一直线,该直线与相对两个餐碟的中点连线垂直;水杯待餐巾花折好后一起摆上桌,杯花底部应整齐、美观,落杯不超过2/3处,水杯肚距离汤碗边1 cm;摆杯手法正确(手拿杯柄或中下部)、卫生。

f.摆放公用餐具:公用筷架摆放在主人和副主人餐位正上方,距水杯肚3 cm,公勺、公筷置于公用筷架之上,勺柄、筷子尾端朝右。如折的是杯花,可先摆放杯花,再摆放公用餐具。

g.折餐巾花:折6种以上不同餐巾花,每种餐巾花3种以上技法;花型突出正、副主人位;有头尾的动物造型应头朝右,主人位除外;巾花观赏面向客人,主人位除外;巾花挺拔、造型美观、款式新颖;操作手法卫生,不用口咬、下巴按、筷子穿;手不触及杯口及杯的上部。如折的是杯花,水杯待餐巾花折好后一起摆上桌。

h.上花瓶、菜单(两个)和桌号牌:花瓶摆在台面正中,造型精美;菜单摆放在正、副主人的筷子架右侧,位置一致,菜单右尾端距离桌边1.5 cm;桌号牌摆放在花瓶正前方、面对副主人位。

i.拉椅让座:先拉第一主宾(主人位右侧第1位)、第二主宾(主人位左侧第1位)、主人位,然后按顺时针方向逐一定位,示意让座;座位中心与餐碟中心对齐,餐椅之间距离均等,餐椅座面边缘距台布下垂部分1 cm;让座手势正确,体现礼貌。

③台布、装饰布的折叠方法:反面朝里,沿凸线长边对折两次,再沿短边对折两次。

(五)竞赛场地与设施

1.中餐宴会摆台操作区

根据中餐宴会摆台流程要求,在180~200 m² 的面积上,按照直线形布置比赛设备,包括圆餐桌、餐椅、工作台等,工作台与餐桌沿相距1.4 m,并与其他比赛区域隔离;仪容仪表展示区设在距裁判席约2 m的指定区域;现场保证良好的采光、照明和通风,必要时设置抽风装置;地板需铺地毯或为防滑地板;提供稳定水、电供应和供电应急设备;为每位参赛选手提供一整套摆台用具。以上面积不含裁判席位、工作人员席位和观摩区。

竞赛软件平台:多媒体设备(含投影仪)一套。

2.裁判区域

各分赛项分别指定裁判工作场地,赛项向每个裁判位提供一台计算机供裁判使用。另设成绩统计区。

3.其他功能区域

在指定场地,设展示区、媒体区、休息区、服务保障区、咨询区、申诉区等区域。另设成绩公布区,配备相应的电脑和投影设备。

4.赛场开放

在竞赛不被干扰的前提下,竞赛现场有限制开放。观众在不影响选手比赛的前提下现场参观和体验。

(六)评分方式与奖项设定

1.评分方式

(1)总分100分,其中仪表仪容10分,专业理论和专业英语口试20分,现场操作70分。

(2)竞赛流程:现场操作(含仪容仪表展示)比赛及专业理论和专业英语口试。

(3)现场操作部分由5位评委组成,去掉一个最高分和一个最低分,算出每位选手的最后平均分。专业理论和专业英语口试由3位评委组成,直接算出每位选手的平均分。

(4)比赛只设个人成绩,不计团体成绩。竞赛名次按照得分高低排序。当总分相等时,按照现场操作得分→专业理论和专业英语口试得分排序。

2.奖项设定

设置参赛选手个人奖。以相应分赛项参赛人数为基数,一等奖占比10%,二等奖占比20%,三等奖占比30%。

获得一等奖的参赛选手指导教师由组委会颁发优秀指导教师证书。

(七)申诉与仲裁

1.申诉

(1)参赛队对不符合竞赛规定的设备、工具、软件,有失公正的评判、奖励,以及对工作人员的违规行为等可提出申诉。

(2)申诉应在事件发生后2 h内提出,超过时效将不予受理。申诉时,应按照规定的程序由参赛队领队向相应赛项仲裁工作组递交书面申诉报告。报告应对申诉事件的现象、发生的时间、涉及的人员、申诉依据与理由等进行充分、实事求是的叙述。事实依据不充分、仅凭主观臆断的申诉将不予受理。申诉报告须有申诉的参赛选手、领队签名。

(3)赛项仲裁工作组收到申诉报告后,应作接受、受理等的详细记录。根据申诉事由进行审查,6 h内书面通知申诉方,告知申诉处理结果。如受理申诉,要通知申诉方举办听证会的时间和地点;如不受理申诉,要说明理由。赛项仲裁工作组受理申诉的所有文字记录于大赛结束之后一律交与赛区仲裁委员会保存。

(4)申诉人不得无故拒不接受处理结果,不允许采取过激行为刁难、攻击工作人员,否则视为放弃申诉。申诉人不满意赛项仲裁工作组的处理结果的,可向大赛赛区仲裁委员会提出复议申请。

2.仲裁

大赛采用两级仲裁机制。赛项设仲裁工作组,赛区设仲裁委员会。大赛执委会办公室选派人员参加赛区仲裁委员会工作。

（1）提出仲裁申请：代表队领队向赛项仲裁工作组提出对裁判结果的申诉。

（2）仲裁登记记录：填表登记并记录投诉事项，根据投诉事项的意义提出是否仲裁。

（3）仲裁过程：赛项仲裁工作组在接到申诉后的2 h内组织复议。

（4）仲裁结果：赛项仲裁工作组及时反馈复议结果。申诉方对复议结果仍有异议，可由省（市）领队向赛区仲裁委员会提出申诉。赛区仲裁委员会的仲裁结果为最终结果。

二、全国职业院校技能大赛中职组
酒店服务赛项"中餐宴会摆台"分赛项
现场评分细则

（一）比赛内容

中餐宴会摆台（10 人位）。

（二）比赛要求

（1）按中餐正式宴会摆台。

（2）操作时间 16 min（比赛结束前 3 min 两遍提醒选手"离比赛结束还有 3 min"；提前完成不加分，每超过 30 s，扣总分 2 分，不足 30 s 按 30 s 计，以此类推；超时 2 min 不予继续比赛，裁判根据选手完成部分进行评判计分。

（3）选手必须佩戴参赛证、号牌提前进入比赛场地，在指定区域按组别向裁判进行仪容仪表展示，时间 1 min。

（4）裁判员统一口令"开始准备"进行准备，准备时间 3 min。准备就绪后，选手站在工作台前、主人位后侧，举手示意。

（5）选手在裁判员宣布"比赛开始"后开始操作。

（6）比赛开始时，选手站在主人位后侧。比赛中所有操作必须按顺时针方向进行。

（7）所有操作结束后，选手应回到工作台前，举手示意"比赛完毕"。

（8）除台布、装饰布、花瓶和桌号牌可徒手操作外，其他物品均须使用托盘操作。

（9）餐巾准备无任何折痕；餐巾折花花形不限，但须突出正、副主人位花形，整体挺括、和谐、美观。

（10）比赛中允许使用托盘垫。

（11）在拉椅让座之前（铺装饰布、台布时除外），餐椅保持"三三二二"对称摆放，椅面 1/2 塞进桌面。铺装饰布、台布时，可拉开主人位餐椅。

（12）物品落地每件扣 3 分，物品碰倒每件扣 2 分，物品遗漏每件扣 1 分；逆时针操作扣 1 分/次。

（三）比赛物品准备（由组委会统一提供）

（1）中餐圆形餐台（高度为 75 cm、直径 180 cm）。

（2）餐椅（10 把）。

（3）工作台。

（4）餐用具。

（四）比赛评分标准

1.现场操作评分标准

现场操作评分标准表

项　目	操作程序及标准	分值	扣分	得分
台布及装饰布（7分）	可采用抖铺式、推拉式或撒网式铺设装饰布、台布，要求一次完成，两次扣0.5分，3次及以上不得分	2		
	拉开主人位餐椅，在主人位铺装饰布、台布	1		
	装饰布平铺在台布下面，正面朝上，台面平整，下垂均等	2		
	台布正面朝上；定位准确，中心线凸缝向上，且对准正、副主人位；台面平整；十字居中，台布四周下垂均等	2		
餐碟定位（10分）	从主人位开始一次性定位摆放餐碟，餐碟间距离均等，和相对餐碟与餐桌中心点三点一线	6		
	餐碟边距桌沿1.5 cm	2		
	拿碟手法正确（手拿餐碟边缘部分）、卫生、无碰撞	2		
汤碗、汤勺、味碟（5分）	汤碗摆放在餐碟左上方1 cm处，味碟摆放在餐碟右上方，汤勺放置于汤碗中，勺把朝左，与餐碟平行	3		
	汤碗与味碟之间距离的中点对准餐碟的中点，汤碗、味碟、餐碟间相距均为1 cm	2		
筷架、银更、筷子、牙签（5分）	筷架摆在餐碟右边，其中点与汤碗、味碟在一条直线上	1		
	银羹、筷子搁摆在筷架上，筷尾的右下角距桌沿1.5 cm	2		
	筷套正面朝上	1		
	牙签位于银更和筷子之间，牙签套正面朝上，底部与银更齐平	1		
葡萄酒杯、白酒杯、水杯（8分）	葡萄酒杯在餐碟正上方（汤碗与味碟之间距离的中点线上）	2		
	白酒杯摆在葡萄酒杯的右侧，水杯位于葡萄酒杯左侧，杯肚间隔1 cm，三杯杯底中点与水平成一直线。水杯待餐巾花折好后一起摆上桌，杯花底部应整齐、美观，落杯不超过2/3处	4		
	摆杯手法正确（手拿杯柄或中下部）、卫生	2		
公用餐具（2分）	公用筷架摆放在主人和副主人餐位正上方，距水杯3 cm。如折的是杯花，可先摆放杯花，再摆放公用餐具	1		
	先勺后筷顺序将公勺、公筷搁摆于公用筷架之上，勺柄、筷子尾端朝右	1		
餐巾折花（16分）	花型突出正、副主人位，整体协调 有头、尾的动物造型应头朝右（主人位除外） 巾花观赏面向客人（主人位除外） 巾花种类丰富、款式新颖 巾花挺拔、造型美观、花型逼真 操作手法卫生，不用口咬、下巴按、筷子穿	1 1 1 4 3 1		
	折叠手法正确、一次性成型，如折的是杯花，巾花折好后放于水杯中一起摆上桌	4		
	手不触及杯口及杯的上部	1		

项　目	操作程序及标准	分值	扣分	得分
菜单、花瓶和桌号牌（3分）	花瓶摆在台面正中	1		
	菜单摆放在正、副主人的筷子架右侧，位置一致，菜单右尾端距离桌边 1.5 cm	1		
	桌号牌摆放在花瓶正前方、面对副主人位	1		
拉椅让座（4分）	拉椅：从主宾位开始，座位中心与餐碟中心对齐，餐椅之间距离均等，餐椅座面边缘距台布下垂部分 1 cm	2		
	让座：手势正确，体现礼貌	2		
托盘（2分）	用左手胸前托法将托盘托起，托盘位置高于选手腰部，姿势正确	1		
	托送自如、灵活	1		
综合印象（8分）	台面摆台整体美观，便于使用，具有艺术美感	3		
	操作过程中动作规范、娴熟、敏捷、声轻、姿态优美，能体现岗位气质	5		
合　计		70		

操作时间：　　分　　秒	超时：　　秒	扣分：　　分

物品落地、物品碰倒、物品遗漏　　件　　扣分：　　分

实际得分	

2. 仪容仪表评分标准

仪容仪表评分标准表

项　目	细节要求	分值	扣分	得分
头发（1.5分）	男士			
	1. 后不盖领	0.5		
	2. 侧不盖耳	0.5		
	3. 干净、整齐，着色自然，发型美观大方	0.5		
	女士			
	1. 后不过肩	0.5		
	2. 前不盖眼	0.5		
	3. 干净、整齐，着色自然，发型美观大方	0.5		
面部（0.5分）	男士：不留胡须及长鬓角	0.5		
	女士：淡妆	0.5		
手及指甲（1分）	1. 干净	0.5		
	2. 指甲修剪整齐，不涂有色指甲油	0.5		
服装（1.5分）	1. 符合岗位要求，整齐干净	0.5		
	2. 无破损、无丢扣	0.5		
	3. 熨烫挺括	0.5		

续表

项 目	细节要求	分值	扣分	得分
鞋 (1.0分)	1.符合岗位要求的黑颜色皮鞋（中式铺床选手可为布鞋）	0.5		
	2.干净、擦拭光亮、无破损	0.5		
袜子 (1.0分)	1.男深色、女浅色	0.5		
	2.干净、无褶皱、无破损	0.5		
首饰及徽章 (0.5分)	选手号牌佩戴规范，不佩戴过于醒目的饰物	0.5		
总体印象 (3.0分)	1.走姿自然、大方、优雅	0.5		
	2.站姿自然、大方、优雅	0.5		
	3.手势自然、大方、优雅	0.5		
	4.蹲姿自然、大方、优雅	0.5		
	5.礼貌：注重礼节礼貌，面带微笑	1.0		
合 计		10		

3.专业理论和专业英语测试评分标准

（1）比赛形式

专业理论和专业英语测试采用考官与选手问答的形式。每位选手考试时间约为6 min，专业理论和专业英语各3 min。每位选手须回答专业理论6道题，其中客观题、简答题、应变题各两道。每位选手须回答专业英语6道题，其中中译英、英译中、情境对话各两道。

（2）评分标准

准确性：选手专业理论知识用词和表达的准确性；英语语音语调及所使用语法和词汇的准确性。

熟练性：选手掌握专业理论知识、岗位英语的熟练程度。

灵活性：选手应对行业实际工作情境和话题的能力。

专业理论和专业英语测试评分标准表

	项 目	10分	答案要点	清楚流利	反应敏捷	语音语调	标准时间	实际用时	扣分合计	得分合计
专业理论	客观题	2	0.5	0.5	0.5	0.5	3 min			
	简答题	3	1	1	0.5	0.5				
	应变题	5	2	1	1	1				
合计（满分10分）										
	项 目	10分	语法词汇	反应敏捷	语音语调	语境应变	标准时间	实际用时	扣分合计	得分合计
外语水平	中译英	3	1	1	1		3 min			
	英译中	2	0.5	1	0.5					
	情境对话	5	1	1	1	2				
合计（满分10分）										
裁判签名：										

（五）专业理论测试评分说明

8~10分：答案内容完整、准确，无错漏，语言表达精练、用词准确，语句通顺，反应敏捷，普通话发音准确，语音清晰，讲话速度与节奏恰到好处，音量适中。

6~8分：答案内容基本完整，语言表达基本正确，语音语调尚可，较熟悉专业知识，对不同情境有一定的应变能力。

4~6分：答案内容有错漏，语言表达有一定错误，发音有缺陷，但不严重影响交际，对不同情境应变能力较差。

4分以下：答案内容有错漏，语言表达停顿较多，严重影响交际，应变能力差。

（六）专业外语测试评分说明

8~10分：语法正确，词汇丰富，语音语调标准，熟练、流利地掌握岗位英语，对不同语境有较强反应能力，有较强的英语交流能力。

6~8分：语法与词汇基本正确，语音语调尚可，允许有个别母语口音，较熟悉岗位英语，对不同语境有一定的适应能力，有一定的英语交流能力。

4~6分：语法与词汇有一定错误，发音有缺陷，但不严重影响交际。对岗位英语有一定了解，对不同语境的应变能力较差。

4分以下：语法与词汇有较多错误，停顿较多，严重影响交际。岗位英语掌握不佳，不能适应语境的变化。

（七）两级指标体系

中餐宴会摆台分赛项两级指标体系分值比例表

一级指标	比例/%	二级指标	比例/%
现场实操	70	托盘技能	2
		台面铺设	7
		餐具摆放	28
		巾花折叠	16
		公用物品	5
		拉椅让座	4
		综合印象	8
专业理论和专业英语口试	20	专业理论	10
		专业英语	10
仪容仪表	10	仪容仪表	10
总　计			100%

187

三、全国职业院校技能大赛
中职组酒店服务赛项"中餐宴会摆台"
分赛项技术规范

(一)竞赛概述

本赛项为个人赛。参赛选手按照比赛规范和要求,参加仪容仪表、现场操作、专业理论和专业英语口语比赛。

比赛时间:现场操作比赛选手 16 min 内完成,专业理论和专业英语口试选手依次按抽签顺序完成,每名选手 6 min 内完成。总成绩满分 100 分,其中仪表仪容占 10%,专业理论和专业英语口试占 20%,现场操作占 70%。

(二)竞赛要求

(1)现场操作(含仪容仪表展示):6 名选手同时比赛。

(2)操作比赛现场设适当的观摩区域。

(三)专业理论和专业英语口试

所有参赛选手均按"专业理论和专业英语口试"序号,依次进入专业理论和专业英语口试现场进行比赛。专业理论和专业英语口试比赛不得观摩。

(四)专业理论和专业英语口试设题库

专业理论和专业英语口试分别设题库及参考答案,以现场抽答的方式同时进行测试。

(五)竞赛场地

(1)每个竞赛工位标明编号。

(2)每个竞赛工位配有工作台供选手摆放用具品。

(3)每个竞赛工位配有相应数量的清洁工具。

(六)竞赛技术平台

(1)应用软件。

(2)电脑两台。

(3)投影仪 1 台。

(4)液晶计时器两台。

(5)摄像设备 6 台。

(6)设施设备清单(以 1 名选手计)。

<h1>中餐宴会摆台设施设备清单表</h1>

序号	名称	规格	质地	数量
1	中餐圆形餐台	高度为 75 cm、直径 180 cm		1 张
2	工作台	100 cm×200 cm		1 张
3	餐椅			10 把
4	防滑圆托盘（含装饰盘垫）	外径 32 cm，内径 30 cm，误差 0.5 cm		2 个
5	台布及装饰布	台布：正方形，240 cm×240 cm，台布 70% 棉，30% 化纤 装饰布：圆形，直径 320 cm，装饰布的材质约 30% 的棉，70% 的化纤		1 套
6	餐巾（口布）	56 cm×56 cm	纯棉	10 块
7	花瓶	外径 17.5 cm，内径 16.5 cm，底径 13.5 cm，盆高 7.5 cm	瓷器	1 个
8	餐碟（骨碟）	外径 20.3 cm，内径 12.5 cm	瓷器	10 个
9	汤碗（翅碗）	碗口直径 11.3 cm，底部直径 5 cm，高 4 cm	瓷器	10 个
10	味碟	碟口 7.3 cm，底部 4 cm，高 1.8 cm	瓷器	10 个
11	汤勺（瓷更）	长 13.4 cm，宽 4 cm	瓷器	10 个
12	筷架	长 7.1 cm，底部长 7.3 cm；宽 3.1 cm；底部宽 3.3 cm；高 1.5 cm；勺子位长 4.9 cm，圆形凹口位 2.5 cm；筷子位顶部 2.2 cm，凹位 1.3 cm，高度 1.1 cm	瓷器	10 个
13	筷子	长 24.5 cm，筷子头直径 0.4 cm；带筷套：长 29.5 cm，宽 3 cm		10 双
14	长柄勺（银更）	全长 20.4 cm，勺子长 6.4 cm，直径 4.3 cm	不锈钢	10 个
15	水杯（414 mL）	杯口外径 6.5 cm，杯口内径 6.1 cm，内高 13.5 cm，外高 18.7 cm，杯底直径 6.7 cm，厚 0.4 cm	玻璃器	10 个
16	葡萄酒杯（14 cL）	杯口外径 5.8 cm，杯口内径 5.5 cm，内高 6.9 cm，外高 14 cm，杯底直径 5.7 cm，厚 0.2 cm	玻璃器	10 个
17	白酒杯（2.6 cL）	杯口外径 3.7 cm，杯口内径 3.4 cm，内高 3.3 cm，外高 8.9 cm，杯底直径 4.1 cm，厚 0.2 cm	玻璃器	10 个
18	牙签	长 8.3 cm，宽 1.5 cm		10 套
19	菜单	长 24.3 cm，外宽 14.7 cm，内宽 29.7 cm，厚 1.4 cm		2 个
20	桌号牌	底座长 10 cm，宽 4.5 cm，高 8.1 cm，底座厚度 0.8 cm		1 个
21	公用餐具（公筷架、筷子、公勺）	公筷架全长 9.5 cm，底座长 5.9 cm，宽 1.2 cm，勺座直径 2.5 cm，筷座长 3.5 cm，宽 1.2 cm		2 套

续表

序号	名 称	规 格	质 地	数 量
22	折叠餐巾花专用大盘	直径 40 cm	瓷器	1 个
23	净手巾	30 cm×30 cm	纯棉	1 条

（7）裁判用具清单。

裁判用具清单表

序 号	量具名称	数 量
1	米直尺	2
2	软卷尺 3 m	2
3	小三角尺	2
4	中餐宴会摆台专用量尺	1

四、全国职业院校技能大赛 中职组酒店服务赛项须知

（一）总则

为贯彻"公正、公开、公平"的竞赛原则,保证全国职业院校技能大赛"酒店服务"竞赛项目顺利进行,特制订本须知,参赛选手须:

（1）严格遵守大赛组委会制订的各项竞赛规则和技术要求。

（2）坚决服从大赛组委会和裁判员的指挥、管理。

（3）尊重裁判和赛场工作人员,自觉遵守赛场纪律和秩序,文明参赛。

（二）参赛队须知

（1）熟悉竞赛规程,负责做好本参赛队大赛期间的管理工作。

（2）贯彻执行大赛各项规定,竞赛期间不私自接触裁判。

（3）准时参加赛前领队会议,并认真传达落实会议精神,确保参赛选手准时参加各项比赛及活动。

（4）领队在比赛时需密切留意参赛选手的比赛时间,安排充足人员进行调度,避免出现因迟到而被取消比赛资格的现象。

（5）对不符合竞赛规定的设备、软件、工具,有失公正的评判、奖励以及工作人员的违规行为等,均可提出申诉。申诉须在专项竞赛结束后两小时内提出,否则不予受理。

（6）领队应负责赛事活动期间本队所有选手的人身及财产安全,如发现意外事故,应及时向组委会报告。

（三）指导教师须知

（1）比赛过程中,指导教师不得操作任何工具和设备,不得现场书写、传递任何资料给参赛选手。

（2）贯彻执行大赛各项规定,竞赛期间不私自接触裁判。

（四）参赛选手须知

1. 准备阶段

（1）参赛队领队负责本参赛队的参赛组织和与大赛的联络。

（2）参赛选手须认真填写报名表各项内容,提供个人真实身份证明,凡弄虚作假者,将取消其比赛资格。

（3）参赛队按照大赛赛程安排和具体时间前往指定地点,各参赛选手凭大赛组委会

颁发的参赛证和有效身份证件参加比赛及相关活动。

（4）参赛选手进行操作比赛前须检录。检录时应出示本人身份证及参赛证,检录合格后方可参赛。凡未按时检录或检录不合格者取消参赛资格。

（5）参赛选手仪表规范,着装干净整洁、外观平整大方得体,女选手可适度化妆以符合岗位要求。

（6）参赛选手应自觉遵守赛场纪律,服从裁判、听从指挥。

2. 比赛阶段

（1）专业理论和专业英语口试选手依次按抽签顺序完成,每名选手时间为 6 min。

（2）中餐宴会摆台现场操作比赛:每组 6 名选手同时进行比赛,内容包括仪表仪容展示、中餐宴会台面摆设、餐巾折花和拉椅让座。仪表仪容展示 1 min,实操比赛操作时间 16 min。每组比赛结束后裁判评分。比赛顺序采取抽签的方式确定。

（3）参赛选手必须佩戴参赛证按照参赛时段提前 15 min 检录进入比赛场地进行赛前准备,裁判员统一口令"开始准备"进行准备,中餐宴会摆台准备时间 3 min。准备就绪后,举手示意。

（4）参赛选手在裁判员宣布"比赛开始"后开始操作。

（5）操作结束后,选手立于工作台前,举手示意"比赛完毕"。

（6）参赛选手在比赛中,除回答裁判的提问外,不得对裁判透露自己的姓名和学校以及对操作过程作任何解释。

3. 结束阶段

（1）参赛选手操作完毕后应立即离开比赛现场,不得以任何借口在赛场停留。

（2）参赛选手在竞赛期间未经组委会的批准,不得接受其他单位和个人进行的与竞赛内容相关的采访,不得私自公开竞赛的相关情况和资料。

（3）参赛选手在竞赛过程中须主动配合裁判的工作,服从裁判安排,如果对竞赛的裁决有异议,须通过领队以书面形式向仲裁工作组提出申诉。

（4）本竞赛项目的最终解释权归大赛组委会。

五、旅游饭店服务技能大赛餐厅服务（中餐宴会摆台）比赛规则和评分标准

（一）比赛内容

中餐宴会摆台（10人位）。

（二）比赛要求

（1）按中餐正式宴会摆台，鼓励选手利用自身条件，创新台面设计。

（2）操作时间15 min（提前完成不加分，每超过30 s，扣总分2分，不足30 s按30 s计，以此类推；超时2 min不予继续比赛，未操作完毕，不计分）。

（3）选手必须佩戴参赛证提前进入比赛场地，裁判员统一口令"开始准备"进行准备，准备时间3 min。准备就绪后，举手示意。

（4）选手在裁判员宣布"比赛开始"后开始操作。

（5）比赛开始时，选手站在主人位后侧。比赛中所有操作必须按顺时针方向进行。

（6）所有操作结束后，选手应回到工作台前，举手示意"比赛完毕"。

（7）除台布、桌裙或装饰布、花瓶（花篮或其他装饰物）和桌号牌可徒手操作外，其他物品均须使用托盘操作。

（8）餐巾准备无任何折痕；餐巾折花花型不限，但须突出主位花型，整体挺括、和谐，符合台面设计主题。

（9）餐巾折花和摆台先后顺序不限。

（10）比赛中允许使用装饰盘垫。

（11）组委会统一提供餐桌转盘，比赛时是否使用由参赛选手自定。如需使用转盘，须在抽签之后说明。

（12）比赛评分标准中的项目顺序并不是规定的操作顺序，选手可以自行选择完成各个比赛项目。

（13）物品落地每件扣3分，物品碰倒每件扣2分，物品遗漏每件扣1分。

（三）比赛物品准备

1. 组委会提供物品

餐台（高度为75 cm）、圆桌面（直径180 cm）、餐椅（10把）、工作台。

2. 选手自备物品

（1）防滑托盘（两个，含装饰盘垫或防滑盘垫）。

（2）规格台布。

（3）桌裙或装饰布。

（4）餐巾（10 块）。

（5）花瓶、花篮或其他装饰物（1 个）。

（6）餐碟、味碟、汤勺、口汤碗、长柄勺、筷子、筷架（各 10 套）。

（7）水杯、葡萄酒杯、白酒杯（各 10 个）。

（8）牙签（10 套）。

（9）菜单（两个或 10 个）。

（10）桌号牌（1 个，上面写上代表队名称）。

（11）公用餐具（筷子、筷架、汤勺各两套）。

（四）比赛评分标准

1. 现场操作评分标准

现场操作评分标准表

项　目	操作程序及标准	分值	扣分	得分
台布 （4分）	可采用抖铺式、推拉式或撒网式铺设，要求一次完成，两次扣 0.5 分，3 次及以上不得分	2		
	台布定位准确，十字居中，凸缝朝向主、副主人位，下垂均等，台面平整	2		
桌裙或装饰布 （3分）	桌裙长短合适，围折平整或装饰布平整，四角下垂均等（装饰布平铺在台布下面）	3		
餐椅定位 （5分）	从主宾位开始拉椅定位，座位中心与餐碟中心对齐，餐椅之间距离均等，餐椅座面边缘距台布下垂部分 1.5 cm	5		
餐碟定位 （10分）	一次性定位、碟间距离均等，餐碟标志对正，相对餐碟与餐桌中心点三点一线	6		
	距桌沿约 1.5 cm	2		
	拿碟手法正确（手拿餐碟边缘部分）、卫生	2		
味碟、汤碗、汤勺 （5分）	味碟位于餐碟正上方，相距 1 cm	2		
	汤碗摆放在味碟左侧 1 cm 处，与味碟在一条直线上，汤勺放置于汤碗中，勺把朝左，与餐碟平行	3		
筷架、筷子、 长柄勺、牙签 （9分）	筷架摆在餐碟右边，与味碟在一条直线上	2		
	筷子、长柄勺搁摆在筷架上，长柄勺距餐碟 3 cm，筷尾距餐桌沿 1.5 cm	5		
	筷套正面朝上	1		
	牙签位于长柄勺和筷子之间，牙签套正面朝上，底部与长柄勺齐平	1		

项　目	操作程序及标准	分值	扣分	得分
葡萄酒杯、白酒杯、水杯（9分）	葡萄酒杯在味碟正上方2 cm	2		
	白酒杯摆在葡萄酒杯的右侧，水杯位于葡萄酒杯左侧，杯肚间隔1 cm，三杯成斜直线，向右与水平线呈30°角。如果折的是杯花，水杯待餐巾花折好后一起摆上桌	5		
	摆杯手法正确（手拿杯柄或中下部）、卫生	2		
餐巾折花（10分）	花型突出主位，符合主题、整体协调	4		
	折叠手法正确、卫生、一次性成型、花型逼真、美观大方	6		
公用餐具（4分）	公用餐具摆放在正、副主人的正上方	2		
	按先筷后勺顺序将筷、勺搁在公用筷架上（设两套）公用筷架与正、副主人位水杯间距1 cm，筷子末端及勺柄向右	2		
菜单、花瓶（花篮或其他装饰物）和桌号牌（4分）	花瓶（花篮或其他装饰物）摆在台面正中，造型精美、符合主题要求	1		
	菜单摆放在筷子架右侧，位置一致（两个菜单则分别摆放在正、副主人的筷子架右侧）	2		
	桌号牌摆放在花瓶（花篮或其他装饰物）正前方、面对副主人位	1		
托盘（3分）	用左手胸前托法将托盘托起，托盘位置高于选手腰部	3		
综合印象（14分）	台面设计主题明确，布置符合主题要求	5		
	餐具颜色、规格协调统一，便于使用	2		
	整体美观、具有强烈艺术美感	4		
	操作过程中动作规范、娴熟、敏捷、声轻，姿态优美，能体现岗位气质	3		
合　计		80		
操作时间：　　分　　秒　　　　超时：　　　秒　　　　　扣分：　　　分				
物品落地、物品碰倒、物品遗漏　　　件　　　　　　扣分：　　　分				
实际得分				

195

2. 仪容仪表评分标准

仪容仪表评分标准

项　目	细节要求	分值	扣分	得分
头发（1.5分）	男士			
	1. 后不盖领	0.5		

续表

项　目	细节要求	分值	扣分	得分
头发 (1.5分)	2. 侧不盖耳	0.5		
	3. 干净、整齐,着色自然,发型美观大方	0.5		
	女士			
	1. 后不过肩	0.5		
	2. 前不盖眼	0.5		
	3. 干净、整齐,着色自然,发型美观大方	0.5		
面部 (0.5分)	男士:不留胡及长鬓角	0.5		
	女士:淡妆	0.5		
手及指甲 (1.5分)	1. 干净	0.5		
	2. 指甲修剪整齐	0.5		
	3. 不涂有色指甲油	0.5		
服装 (1.5分)	1. 符合岗位要求,整齐干净	0.5		
	2. 无破损、无丢扣	0.5		
	3. 熨烫挺括	0.5		
鞋 (1.0分)	1. 符合岗位要求的黑颜色皮鞋	0.5		
	2. 干净、擦拭光亮、无破损	0.5		
袜子 (1.0分)	1. 男深色、女浅色	0.5		
	2. 干净、无褶皱、无破损	0.5		
首饰及徽章 (1.0分)	1. 不佩戴过于醒目的饰物	0.5		
	2. 选手号牌佩戴规范	0.5		
总体印象 (2.0分)	1. 举止:大方、自然、优雅	1.0		
	2. 礼貌:注重礼节礼貌,面带微笑	1.0		
合　计		10		

3. 英语水平评分标准

(1)比赛形式:英语比赛采用考官与选手问答的形式。每位选手考试时间为2 min,每位选手须回答3道题,其中中译英、英译中、情境对话各1道题。

(2)评分标准

准确性:选手语音语调及所使用语法和词汇的准确性。

熟练性:选手掌握岗位英语的熟练程度。

灵活性:选手应对不同情境和话题的能力。

(3)评分说明

9~10分:语法正确,词汇丰富,语音语调标准,熟练、流利地掌握岗位英语,对不同语境有较强反应能力,有较强的英语交流能力。

6~8分:语法与词汇基本正确,语音语调尚可,允许有个别母语口音,较熟悉岗位英语,对不同语境有一定的适应能力,有一定的英语交流能力。

4~5分:语法与词汇有一定错误,发音有缺陷,但不严重影响交际。对岗位英语有一定了解,对不同语境的应变能力较差。

3分以下:语法与词汇有较多错误,停顿较多,严重影响交际。岗位英语掌握不佳,不能适应语境的变化。

参考文献

[1] 张平.餐饮服务与管理[M].北京:北京师范大学出版社,2011.

[2] 李焕.餐饮服务员职业技能标准培训[M].北京:中国纺织出版社,2010.

[3] 李雯.酒店中餐服务员精细化操作手册[M].漫画图解版.北京:人民邮电出版社,2012.

[4] 姜玲.经济型酒店操作实务[M].广州:广东经济出版社,2013.

[5] 全国职业院校技能大赛网.

[6] 樊平,李琦.餐饮服务与管理[M].3版.北京:高等教育出版社,2012.

[7] 少数图片来源于职业餐饮网、呢图网、百度中餐宴会图片展示。